阅读成就思想……

Read to Achieve

心理咨询与治疗系列

助人技术本土化 的 刻意练习

宋 歌 黄书华 林 燕 ◎ 著

中国人民大学出版社
·北京·

图书在版编目（CIP）数据

助人技术本土化的刻意练习 / 宋歌，黄书华，林燕著 . -- 北京：中国人民大学出版社，2025.3. -- ISBN 978-7-300-33697-8

Ⅰ．B849.1

中国国家版本馆 CIP 数据核字第 2025SV8837 号

助人技术本土化的刻意练习

宋　歌　黄书华　林　燕　著
ZHUREN JISHU BENTUHUA DE KEYI LIANXI

出版发行	中国人民大学出版社		
社　　址	北京中关村大街 31 号	邮政编码	100080
电　　话	010-62511242（总编室）	010-62511770（质管部）	
	010-82501766（邮购部）	010-62514148（门市部）	
	010-62511173（发行公司）	010-62515275（盗版举报）	
网　　址	http://www.crup.com.cn		
经　　销	新华书店		
印　　刷	天津中印联印务有限公司		
开　　本	890 mm×1240 mm　1/32	版　次	2025 年 3 月第 1 版
印　　张	8.625　插页 1	印　次	2025 年 9 月第 4 次印刷
字　　数	209 000	定　价	79.90 元

版权所有　　　侵权必究　　　印装差错　　　负责调换

赞誉

10多年前，我参加中国心理学会代表团访问美国时，曾前往美国马里兰大学拜访了《助人技术：探索、领悟、行动三阶段模式》（Helping Skills: Facilitating Exploration, Insight, and Action）一书的作者克拉拉·E.希尔（Clara E.Hill）教授，并访问了她为心理咨询专业学生做培训的实验室。会谈技术是心理咨询工作的基本功，但遗憾的是，国内心理咨询师所受到的实战培训是非常缺乏的。大儒心理在培养心理咨询研修生的时候，为此专门开设了会谈技术课，运用理论讲解、技术示范与小组练习相结合的模式进行培训已经三年了，成效显著。我非常惊喜地发现，《助人技术本土化的刻意练习》一书作者宋歌博士等人，十年磨一剑，非但发展出了配套希尔的《助人技术：探索、领悟、行动三阶段模式》一书的刻意练习培训教材，还注意到心理会谈技术本土化的必要性，并进行了大量的本土化改进，从而让我们能有机会更好地推进专业训练。强烈向心理咨询的同行们推荐这本好教材！

徐凯文
临床心理学博士精神科医生
大儒心理创始人

《助人技术本土化的刻意练习》是一本旗帜鲜明地提出心理咨询服务需要去殖民化的专业书籍。作者有胆有识明确指出以西方心理咨询理论为主导的心理咨询，存在着至少三个偏见："我"是独立存在的、身心是二元对立的、情绪需要直白的语言表达。识别和去除这些偏见，是去殖民化心理咨询的立足之点。此书不但有破还有立，从助人技术入手，进行了非常具体的本土化专业建构，对每一项助人技术在概念上给予了去殖民化的本土化界定，同时基于中国实际情况进行了案例设计，使国内学习者进行刻意练习，扎根本土。向此书的三位作者致敬！此书是国内心理咨询去殖民化的重要标志之一，这不仅是一种专业觉醒，更是真正文化自觉的践行，最终将惠及百姓在心理咨询服务中获益！

贾晓明

北京理工大学教育学院教授、博士生导师

《助人技术本土化的刻意练习》一书的三位作者从本土化的视角重新诠释助人技术，不仅设计了丰富的刻意练习，便于读者直接实践，还精心创作了具有代表性的本土中青年女性个案，通过逐字稿解析示范每项技术。作者还关注助人者的心态和价值观对助人工作的影响，反思西方心理学理论的本土适用性，并提供了跨流派的个案概念化框架以及网络咨询的实用建议，内容全面而细致，是一本极具实操性的咨询师成长指南。

王建平

北京师范大学心理学部二级教授

中国心理学会注册工作委员会首批注册督导师

国际认知治疗学院会士和认证治疗师

赞 誉

这本《助人技术本土化的刻意练习》详细介绍了 52 种刻意练习方法，旨在提升 12 项心理咨询中必须掌握的技能。其内容涵盖了从句对句技术实例、铁三角刻意练习，到逐字稿自我督导，不仅有东西方文化背景比较，还有难点问答和方言应用等，言简富赡，丰采斐然。充分展现了新一代心理咨询师顺天以动豫、刚应而志行的专业追求。此书势必让群众依归、朋从大合，宛若簪篸之固括，具备道法流行人天胥庆的潜质，帮助咨询师们迈向建侯行师以摄受众生，不假营修而功业自成的职业理想。

李孟潮

心理学博士

精神科医师

一本为中国心理咨询行业专业人员学习和训练新手咨询师的心理咨询技术刻意练习的书终于出版了！这是中国心理咨询行业的喜讯。《助人技术本土化的刻意练习》一书出于有丰富实践经验的中国学者，既接受过西方教育，又在中国的文化情境中脚踏实地地为中国人提供心理帮助中进行过探索和实践，阐述了中国人所需、可行、有效又可传授的助人技术。了不起！

段昌明

美国堪萨斯大学教授、博士生导师

心理学的本土化呼声很高，具体如何落地，鲜有建树。宋歌等人新著《助人技术本土化的刻意练习》，理路简明，方法得当，文辞俊美，结构精致，无论是对初学者还是资深心理学从业者，都是不可多得的落地之作。本书兼具国际视野和本土底蕴，是推动心理技术本土化的里程碑。

李明
北京林业大学心理系副教授
中国叙事心理奠基人

在"情感"这块极为丰富的心灵属地中，语言与文化的巴别塔很少被公开言说：东方文化背景中的"情感"倘若只能用西方文化的语境来定义、描述与探索，便是人类文明的遗憾。《助人技术本土化的刻意练习》一书是终结这份遗憾的开始，我相信这些来自东方的声音会被更大的世界听见。

严艺家
心理咨询师
英国伦敦大学学院儿童青少年精神分析治疗博士候选人

一直都很好奇宋歌团队的助人课程，这本《助人技术本土化的刻意练习》帮我看到了练功房里的景象。咨询技术的学习与打磨绝对是慢工出细活，此书从去殖民化的视角对咨询技术进行本土化重构，从微距的角度呈现出中国互依我文化及高语境下基本功的养成，并结合了本土情绪及身体感知的表达、方言的和意象的使用等。我读后最大的感受是，此书实用，接地气，说人话！我相信这本书会对在学习咨询不同阶段的人带来难能可贵的启发。

雷雨佳
美国圣路易斯华盛顿大学咨询中心心理学家、客座教授

赞誉

《助人技术本土化的刻意练习》一书对西方经典的核心咨询技术进行了本土化的阐述与辨明，借鉴了儒家、佛家、中医、禅修、方言等精彩的本土元素。精心设计的刻意练习有助于新手咨询师在起跑线上接上"地气"，也将成为教学督导的好工具。作为一名在西方语境中学习实践多年的咨询师，打开此书仿佛让我闻到了故乡雨后泥土的气息，得到了深深的启发与治愈。

李悦

美国罗斯福大学心理系助理教授

美国心理学会女性心理学分会董事会成员

推荐序一

很荣幸为这本在我的《助人技术：探索、领悟、行动三阶段模式》一书基础上延伸出的重要作品——《助人技术本土化的刻意练习》——撰写推荐序。教授助人技术一直是我职业生涯中最享受的事情之一，看到宋歌等人在这一领域的贡献，我倍感欣慰。

我越来越认识到，助人技术具有多面性，在不同情境下使用方式各不相同，对不同的来访者，也会引发截然不同的反应。因此，我们无法制定一本"操作指南"，告诉助人者要达到特定的目标，必须使用某个特定的技术；相反，在某个特定时刻最适合使用哪项技术，取决于咨询中具体发生了什么、咨询师的意图与动机，以及来访者当下的需求。此外，不同的技术也可以用来实现同一个目标，但可能会产生不同的效果。

我认为，训练助人者最有效的方法就是让学员对每项技术进行刻意练习，直到他们能够熟练且自信地运用这些技术。学员还需要学会思考，在何时以及何种方式使用这项技术，才能达到预期目标。一旦学员熟练掌握了每项技术，他们就可以根据来访者的需求，在每个助人情境中灵活决定要使用哪项技术了。助人者需要仔细观察来访者的反应，评估技术的实际效果，并根据来访者的具体情况来调整后续技术的使用方式。也就是说，如果助人者发现情感反映导致来访者关闭自己而非促进探索，就可以试着开放提问、情感表露，或使用有关情感的比喻，随后观察来访者的反应。反思哪些方法有效，是成功助人的关键要素之一。

文化无疑是决定来访者对不同技术反应的主要变量之一。在《助人技术本土化的刻意练习》一书中，宋歌等人生动地展示了在中国文化下的情境。比如，中国的助人者可能不太敢做情感反映，因为这项技术背后的假设是助人者能够"准确地"了解来访者的感受。同样，来访者可能也认为咨询师是"正确的"，甚至比自己更了解自己的情绪，因此，助人者借助比喻等更为含蓄的方式，往往会更有帮助。当然，中国的助人者和来访者都各有各的特点，不能一概而论，因此助人者需要仔细观察来访者的反应，思索其背后的原因，并相应地调整技术以满足来访者的需求。

我很高兴看到宋歌等人在《助人技术本土化的刻意练习》一书中强调刻意练习对于学习技术的重要性。研究表明，学员可以通过多种培训方式获益，包括教学（阅读类似本书的文本、聆听关于技术的讲座）、示范（观看心理咨询专家的视频、观察同学的技术实操、阅读技术使用实例）、实操练习（在小组或两人对练中练习，以及通过视频和书面材料的提示进行练习），以及反馈（了解自己的优势和需要提高的地方）。这些方法都非常有效，但学员特别提到，多种形式的实操练习是最为有益的。他们还提出，在阅读或观看他人实操时，尽管技术看起来很简单，但只有亲自练习时，尤其是在与同伴讨论实际问题时，才能真正意识到技术实施的难度。同时，在志愿扮演来访者的学员谈论一些相对简单的问题时，也是一种非常有价值的体验，因为他们能感受到这些技术应用在自己身上的实际效果。

推荐序一

　　我希望讲师和学员在学习、教授和助人技术实操的过程中，能够像我一样享受并从中受益。

Clara Hill

克拉拉·E. 希尔
美国马里兰大学心理学系教授（退休）
美国心理治疗发展学会（SAP）前主席
《助人技术：探索、领悟、行动三阶段模式》一书作者

2024 年 11 月 16 日

推荐序二

宋歌博士在 2024 年 11 月 12 日来信，希望我为她和伙伴共创的《助人技术本土化的刻意练习》一书写推荐序。

一开始我感到有点突然，因为对之前从西方引进的刻意练习作品抱有下意识的警惕——主要原因是，我之前阅读了一些刻意练习，也尝试过一些，但就我的心理咨询文化敏感性而言，觉得这种练习有不少与中国文化水土不服。然而，我在打开所附的书稿后发现，文化敏感度正是《助人技术本土化的刻意练习》这本书要解决的问题。这本书原来是源自中国本土心理咨询实践的助人技术刻意练习！这让我顿时有了兴趣。

在阅读书稿的过程中，无意识的记忆插片以自由联想的方式进入了我的脑海。2015 年，时任美国理海大学（Lehigh University）咨询心理学系主任阿诺·R. 斯波坎（Arnold R. Spokane）教授和宋歌博士（当时是博士候选人）受我的邀请来到上海，开设美国心理咨询硕士等级课程的助人技术培训工作坊。培训是在徐汇区吴中路的锦江酒店举办的，有几十位来自全国各地的学员参与其中。培训中让我印象最深的是，斯波坎教授竟然与几十位学员进行了一对一的对话训练，我感动于他对教学的认真和投入，因为我深知这种强度的一对一对话训练对培训讲师来说的辛劳程度。因此，我在之后给华东师范大学心理咨询专业研究生的训练中，也尽量对他们的逐字稿进行一一批改和反馈。在培训过程中，宋歌博士全程跟随，认真翻译，也是十分辛苦。或许这就是本书的缘起，正因为这个缘起，之后宋歌、黄书华、林燕延续了这些训练，并引入了完整的刻意练习的教学，为本书中的刻意练习积累了经验。

《助人技术本土化的刻意练习》一书中强调的"本土化"十分重要，这也是心理咨询与治疗引入中国几十年后逐步探索积累的成果。中国文化背景下的身心体验真的和印欧语系下的人十分不同，就所有地球人所习惯的"我"来说，我们中国人经常会在口语中将"我"和"我们"交叉使用，这就反映了我们文化的群体性特点；又如，中国人的"我"，在英语有主语"I"、宾语"me"、反身代词"myself"，在德语中有主语"ich"、直接宾语"mich"、间接宾语"mir"、反身代词"sich"多种位格，而在汉语中几乎都是一个"我"。有一次，我和一位德国心理学家交流这个问题，她发现我们汉语中的"我"没有位格变化时，被震惊到了，表示无法理解汉语如何进行对话。我便给她解释，在我们中国文化中并不是用限定词汇来区分的，而是用情境来确认自己使用词汇的精确性。相对于英语和德语等语言，我们使用"我"一词时有更大的混沌性，但我们中国人的心智在这种混沌性中也更能去清晰辨别。又如，在汉语中，诸如心花怒放、怒发冲冠、手足无措、五内俱焚等词汇比比皆是，这些词汇显然都具有身体性的隐喻，也反映了中国文化的具身性。相关例子还有很多，在此不一一举出。因此，生活在中国文化背景下的人因为受到诸如此类的影响，会呈现出很多不同于西方文化对人的理解。

可喜的是，三位作者充分意识到了这一差异，因此她们在本书中也指出，在实际的刻意练习训练中，中国心理咨询工作者在对身体和意象的感受上要远丰富于西方文化下的心理咨询工作者。因此，作者特别介绍了这些新开发的、更贴近本土心理咨询工作的刻意练习，这是十分难能可贵的事情，也说明中国心理咨询在真正走向本土化的发展，终于开始从"离地三尺"逐步变成"扎根落地"了。当然，要想达到真正成熟的程度，可能还需要进一步探索、实践、研究、提炼，但本书的介绍无疑迈出了坚实且实用的一步。因此，我连夜阅读完了全书，为本书写好了推荐序。

将这本书推荐给对助人技术刻意练习感兴趣的心理咨询师、心理治疗师、医生、社会工作者等助人工作者阅读，希望能在阅读中有所收获，在专业上有所精进。

华东师范大学心理与认知科学学院（外聘）心理咨询专业硕士生导师
上海市心理学会临床心理与心理咨询工作委员会主任
中国心理卫生协会精神分析专委会常委

2024 年 11 月 12 日

前　言

克拉拉·E.希尔教授的助人技术模型整合了人本主义、心理动力、认知行为等理论,通过对每项技术的深入练习,以及同伴与督导的即时观察与反馈,系统地提升助人工作者的实操技能,既适合新手助人工作者,也有助于有经验的助人者进一步打磨实操技术。助人技术是美国心理咨询硕士项目的必修课,但这种以实操为主、整合取向的课程在国内并不常见。

2015年,应徐钧老师的邀请,还在美国读博士的我作为助教,与理海大学咨询心理学系时任系主任阿诺·R.斯波坎教授一起,回国开设了国内首期助人技术培训工作坊,并在此结识了本书的第二作者黄书华。我和斯波坎教授一方面被学员们的热情深深打动,一方面又为自己分身乏术深感遗憾:由于我需要担任翻译,无法像在美国课堂中那样与教授分头行动,加上这次培训的学员人数几乎是在美国培训时的两倍,因此我们无法充分地观察学员们的实操练习,而这种直接接受督导观察和反馈的机会,恰恰是国内助人工作者最缺乏的资源。

2018年,我和书华创办了歌子心理,初衷是通过一系列小班制的实操训练,填补国内助人行业训练的空白。首先推出的就是助人技术私房课，我们确保每个三人小组每节课都能被讲师或助教观察和反馈，还设计了一系列自我督导、同辈督导的练习，以弥补国内督导资源的相对匮乏。此外，我们特别强调了不同助人技术之间的关联，让学员们在学习新技术时不是从零开始，而是在已有基础上逐步进阶。本书中的很多刻意练习正是在课程一轮又一轮的调整、升级中打磨出来的，实操性强，也非常容易上手。在这些教学实践中，我们结识了本书的第三作者林燕，她的中医世家背景，开启了我们对于西方理论如何与东方哲学、文化整合的思考。

助人技术私房课开展三年后，我们发现用情绪词汇做情感反应[①]对于每一期学员来说都是很大的挑战。起初，我们认同了西方文化对于"东亚人不擅长表达情绪"的评价，想方设法地帮助学员拓宽情绪词汇，但总感觉这种仅用情绪词汇来做情感反应的方式不太接地气，有一种用中文说英语的味道。于是，我们在课程中加入了更多本土化的表达，鼓励学员通过意象、躯体感受来做情感反应。突然间，学员们变得如鱼得水，这让我们切身体会到助人行业的去殖民化及本土化的必要性，我们开始仔细反思克拉拉·E.希尔版的助人技术在本土助人环境中的适用性。在这段历程中，我们从最初的全然认同西方理论与教学方式，到批判性地反思其中蕴含的西方文化价值观和对东亚群体的偏见，这些反思贯穿于本书的第一部分以及第二部分各章对每项技术的"去殖民化思考"部分。

关于"去殖民化"一词，本书重点关注的是文化殖民，这是一种隐蔽的、软性的方式，即让被殖民者在不知不觉中认同殖民文化的价值观，产生对自己文化的否定和自卑感。传统心理学的理论和研究多

[①] 关于"情感反应"一词的用法，详见第9章。

是基于欧美等西方国家的样本和文化，却被用来代表全人类的心理规律，这种将西方的经验视为"正常"或"标准"，忽视甚至病理化非西方文化的独特经验的做法，就是典型的软性文化殖民。

比如，在对助人技术进行去殖民化思考的过程中，我们发现国内多数教材中使用的案例，多是"玛丽""约翰"等翻译过来的西方人物，这对本土助人工作者的理解和应用并不友好。然而，由于业界长期使用西方案例诠释理论，同行早已习以为常，没觉得有太大的问题。在本书中，我们基于和本土当事人工作的经验，设计了"静婷"这位具有代表性的个案——一位因为家庭生育压力辞去工作的中青年女性，并以她为例贯穿全书，示范每一项助人技术，弥补了当下助人行业教材中案例不够本土化的遗憾。

从事助人技术教学近10年，我们将这些年的经验、思考和精华凝聚于本书之中，使助人技术从舶来品逐步发展为深植本土的实操模型。本书的完成离不开每位学员的积极参与和反馈，也离不开歌子心理全体成员的持续探索。怀着不断试错的心态，我们结合学员反馈，对本土化助人技术的刻意练习方式反复打磨、调整和优化。

希望本书不仅能为读者提供详实、丰富的本土化助人技术刻意练习，也能启发大家思考：起源于西方的助人工作如何更好地适应本土环境。

宋歌

2024年11月4日

目　录

第一部分　心理咨询本土化迫在眉睫

第1章　心理学界的去殖民化浪潮　003

第2章　西方心理学理论的主要偏见　008

第二部分　用本土化助人技术进行咨询会谈

第3章　进行铁三角角色扮演刻意练习的心理准备　033

第4章　示范案例背景信息　046

第5章　技术1：倾听　053

第6章　技术2：共情　067

第7章　技术3：重述　077

第8章　技术4：提问　095

第9章　技术5：情感反应　111

第10章　技术6：情感表露　132

第11章　技术7：沉默耐受力　150

第12章　技术8：解释　157

第 13 章　技术 9：即时化　175

第 14 章　技术 10：挑战　198

第 15 章　技术 11：行为激活　212

第 16 章　技术 12：结案与告别　227

附录 1　克拉拉·E. 希尔的定义与本土化视角重构后的定义对比　239

附录 2　如何撰写结案报告　243

参考文献　249

后记　251

第一部分

心理咨询本土化迫在眉睫

第1章

心理学界的去殖民化浪潮

近40年来，美国大力向全世界推广自己对心理疾病的定义、分类和理解，以至于当我们听到"相较于以美国为首的西方，我国国民的心理健康意识尚为匮乏，心理健康产业尚不完善"这样的说法时，会理所当然地认同，却很少反思这样的问题："西方拥有最先进的心理健康知识"这样的观点，是如何形成的？背后的动机是什么？西方心理疾病观念和治疗方法背后，映射出哪些价值观以及有关人性的文化假设？

神户地震（1995年）后，日本逐渐形成了这样的观点：西方对抑郁、创伤后应激障碍等病理性情绪状态的理解比日本人深得多，因此日本必须大力对抑郁症进行科普才不会落伍，而首当其冲的是要推广代表西方前沿科技成果的抗抑郁药——5-羟色胺选择性再摄取抑制剂[①]（serotonin-selective reuptake inhibitor，SSRI）。殊不知，这一场看似日本国民自发的抑郁症普及运动，却是美英制药公司精心策划的一场推广其SSRI的大型市场营销，其方式之一就是在日本最大的电视网络播出节目，传递美国在识别和治疗抑郁症上遥遥领先于世界，呼

---

① 也被称为"选择性5-羟色胺再摄取抑制药"。

吁日本公众关注心理健康。这场市场营销中最成功的是葛兰素史克公司（GSK），使其生产的帕罗西汀在2003年在日本销售近3亿美元，后来却因隐瞒严重副作用、篡改实验数据、向业内专家支付高昂顾问费以获取其背书等违法行为，于2012年向美国政府支付近30亿美元的罚款。

自带优越感、要向全世界介绍自己"先进"理念的欧美文化，遇上自带谦虚属性的东亚文化，很容易形成"一个愿打一个愿挨"的单方向文化输出。也就是说，一旦我们下意识地认为欧美的观念是先进、科学的，本土的观念是落后的、非科学的，就已经内化了欧美文化对我们本土文化的偏见，已经被文化殖民了。

浅谈文化殖民

文化殖民是指，通过强制或潜移默化的方式将殖民国的价值观、习俗、语言、生活方式等输出到殖民地，边缘化甚至取代被殖民地的本土文化，强制地文化殖民。比如，美国白人在19世纪至20世纪中叶对于土著印第安人进行的寄宿学校、宗教转换等一系列同化措施。还有一种软性的文化殖民，它是通过媒体、文化输出等更润物细无声的方式，改变一个社会或民族的文化特征及价值观，让被殖民的文化更难觉察、反抗，甚至用看似自愿的方式主动接受殖民文化、放弃自己的本土文化。

本书重点关注软性的文化殖民，因为在当今的中国社会存在着大量的软性西方文化殖民化的例子。比如，欧美影视剧及动画片等在国内的流行，让个人主义、英雄主义、自由至上的价值观潜移默化地影响着国内的观众。再如，欧美奢侈品牌旗舰店屹立于国内一线城市的黄金地段，不仅让国内消费者在不知不觉中认同了西方品牌及文化的权威性，还让"消费是成功的象征"等消费主义价值观在国内生根发芽。而被称为"心理学"的这个学科，准确地说，它只是"西方心理学"，它将源自西方文化的理论、实践和研究作为普遍适用的全球标准，并认为西方的方式是"正常的"甚至是优越的，不仅无视了非西方社会的文化独特性及本土疗愈资源，还强化了西方中心主义，使得许多非西方国家的心理学研究和实践被边缘化或迫于生存而依附西方体系，这也是一种软性的文化殖民。

西方心理学界掀起的去殖民化浪潮

20世纪70年代，起源于拉丁美洲的解放心理学（Liberation Psychology），直面殖民遗留的不平等，提出心理学需要打破西方主导的理论和方法学，展现非西方文化的社会现实和文化多样性，得到了南非、亚洲及其他全球南方学者的呼应。20世纪80年代，起源于西欧的批判心理学（Critical Psychology）进一步反思主流心理学在全球知识体系中的权力结构，揭示了西方心理学如何通过隐性的话语权和文化霸权，忽视、甚至边缘化非西方文化的心理学知识和实践。20世纪90年代，文化心理学（Cultural Psychology）倡导文化与心理的互构性，质疑普适心理学假设，推动以文化多样性为中心的心理学去殖民化路径。心理学界拆解传统心理学的殖民结构，反思以下问题：

- 哪些内容被/不被视为知识？
- 谁的知识被认为有效，谁的知识被认为无效？
- 谁控制着知识的生产？
- 谁被认为是专家？
- 我们的心理学研究对谁负责？要达到怎样的目的？

同时，由于心理疾病的体验和文化是不可割裂的，因此从事跨文化研究的心理学家和人类学家还发现，殖民文化在对外输出自己对心理状态、行为、情绪的定义和理解时，也输出了其特有的心理疾病及问题。在《像我们一样疯狂：美式心理疾病的全球化》(*Crazy Like Us: The Globalization of the American Psyche*)一书中提到，在欧美的厌食症诊断标准及审美标准传入中国前，20世纪80年代中国的厌食症患者并没有肥胖恐惧或体型上的认知偏差，更多的是因为感到肚子胀、喉咙卡、没胃口等躯体原因而无法进食。随着临床工作者、媒体都踊跃地学习并引进"西方先进的"有关厌食症的理念，到了20世纪90年代末，害怕肥胖已经成了中国厌食症患者首要的主诉。长期在中国香港地区从事厌食症临床工作和研究的李诚医生，在目睹了当地的厌食症患者的体验被重塑的整个过程后感叹道："如果全世界的临床工作者都能避免这么快、这么轻易地接受西方对厌食症的假设，那么他们也许就能听见每一位女性试图沟通的复杂的实际情况。"

中国心理学界需要去殖民化

早在1982年，著名心理学家杨国枢教授就在他和文崇一老师合编的《社会及行为科学研究的中国化》一书的序言中恳切提出：

> 我们所探讨的对象虽是中国社会与中国人，所采用的理论与方法却几乎全是西方的或西方式的。在日常生活中，我们是中国人；在从事研究工作时，我们却变成了西方人。我们有意无意地抑制自己中国式的思想观念与哲学取向，使其难以表现在研究的历程之中，而只是不加批评地接受与承袭西方的问题、理论及方法。在这种情形下，我们充其量只能亦步亦趋，以赶上国外的学术潮流为能事。在研究的数量上，我们既无法与西方相比；在研究的性质上，也未能与众不同。

时至今日，在世界的社会及行为科学界，只落得多我们不多，少我们不少。

杨中芳教授也直接指出了生搬硬套西方心理学理论框架的危险：

中国人心理行为的特性，能在某些方面对整个心理学的领域做出贡献本是无可厚非的。但是，在这个运用过程中，西方学者经常采用西方社会文化的框架来看中国人心理及行为的特色，而将它们误划入他们自己认为中文应该属于的"实验情境"，对中国语文及文化是否真正具有那种他们认为有的特色，则没有兴趣去仔细研究。而另外一些学者则是在解释研究结果时，因对中国文化及社会背景不甚了解而下了完全错误的结论。因此经由这些误解所得出的研究成果，非但不能帮助我们进一步理解全人类的心理行为，反而令研究走入死巷。

心理学界的去殖民化，并不是要一刀切地否定西方心理学的所有假设，而是去看到并承认心理体验与状态和生态、文化、社会环境是紧密结合的，在刻意地去反思每一种理论背后的文化、价值假设后，知情地决定其适用的场景和范围。心理学的去殖民化，也是看到并珍惜不同文化下心理及行为的差异，以及各个文化特有的疗愈方式和资源，用欣赏的态度去珍惜差异，而不是用比较的心理去比出个高低。

第 2 章

西方心理学理论的主要偏见

本章将介绍西方心理学理论的三个主要偏见,分别是:"我"是独立存在的、身心是二元对立的、情绪需要直白的语言表达。

偏见 1:"我"是独立存在的

我是谁

请你先来完成以下 10 个以"我"开头的句子:

- 我_____
- 我_____
- 我_____
- 我_____
- 我_____
- 我_____
- 我_____
- 我_____

- 我_____
- 我_____

现在，请你带着好奇观察一下，其中有几个句子与外在文化、环境、关系无关，体现了"我"的内在独立特质与需求；有几个句子在描述"我"的身份、角色、地位、归属、责任等，即被文化、环境、关系建构的"我"。

此"我"非彼"我"

中文的"我"字，在甲骨文中指一种将帅所持的兵器"戌"，与之对应的是另一兵器"爾"（"尔"的繁体字），即多箭齐发的弓弩，"我"和"尔"这两种兵器逐渐变成"我方""敌方"的指代，最后变成第一人称代词和第二人称代词。文言文中，"我"和"吾"一起，指代自己或己方，既可以表示单数的"我自己"（比如，"日三省吾身"），又可以表示复数的"我们""我等"（比如，"彼竭我盈""吾辈"）。在现代汉语中，虽然"我"和"我们"分别指代单数第一人称和复数第一人称，但人们仍然会用"我"表达"我们"，比如"我国"，其实是在说"我们大家的国家"而不是"我自己的国家"。在日常口语中表达个人意见和需求时，我们也经常会用复数的"我们"替代单数的"我"，比如几个好友在商量去哪里吃饭时，想吃川菜的人更可能说"我们要不要吃川菜"，而不是"我想吃川菜"。很多方言中也有类似的用法，比如，北方方言多用"咱"来称呼自己；浙江中东部、上海一带，多用吴语中的"阿拉"来称呼自己、指代"我们"；就连北美的亚洲裔一代在说英语时，也更倾向用"we"（我们），而不是"I"（我）。我（宋歌）在美国工作时，亲历过好几次亚洲裔同事用"we"发表个人意见时（比如，"我们并不想这张海报引起学生的误会吧"）

会引起西方同事的抗议——"你就是你，不要代表我"，西方同事甚至会直接表达因为自己未经同意就"被代表"而感觉被侵犯了。

国人和西方人对"我们"这个词的使用有如此不一样的感受，正是因为"我"这个概念在东西方文化下有着非常不同的含义。相较于中文中的"我"起源于代表"我方"的兵器，强调的是同阵营的个体间的联结，英文中的"self"一词来自印欧语系的"sel-bho"，为"分开、单独"的意思，强调的是不同个体间的独立性及边界。因此，虽然不同的文化中都有第一人称代词"我"，但背后的含义却非常不一样。心理学的本土化需要从中国文化的框架下理解"我"入手，并清晰地看到我国文化中的"我"与孕育心理学的欧美文化中的"我"有哪些异同。

互依我和独立我

黑泽尔·罗斯·马库斯（Hazel Rose Markus）与北山忍（Shinobu Kitayama）提出自我的建构有两种不同的方式——互依我（interdependent self-construal）与独立我（independent self-construal）。

互依我维度下的自我建构强调个人与他人的关联性和互依性，主张"我"不是一个独立的个体，而是被关系定义的，因此"我"的概念会随着关系、情景的变化而变化。中华传统文化强调用互依我的方式建构自我：古人在使用第一人称时更多的是用谦称（比如，末学、愚、在下），用自谦表达对对话者的尊敬，就是把"我"放在关系中定义。古人还会直接用自己在关系中的角色（比如，用"臣""妾身""儿"等作为自称），且这样的自称还会随着情景而变化，一个对上级自称"下官"的官员在面对下级和百姓时则变成了"本官"，这也表示互依我呼应了佛家缘起的观点——"缘聚则生，缘散则灭"，

"我"并不是一成不变的。使用互依我的文化,强调个人的角色、地位、义务和责任;而中华传统文化受儒家等级尊卑观点的影响,在强调通过社会关系定义"我"的同时,也着重强调关系间的等级与阶级,以及对权威的崇拜与服从。

独立我维度下的自我建构强调每个人都是独立、独特、完整的,因此"我"的概念是恒定的,独立于社会关系和文化存在。欧美文化强调以独立我的方式构建自我,可以追溯到古希腊时期,阿波罗神庙的箴言"认识你自己"鼓励个体了解自己独特的性格、欲望、优缺点,从而形成独立于权威意见或文化传统的个人见解,达到为自己的选择和行为完全负责的目的。欧洲虽然经历了中世纪的集体主义,但启蒙时代思想家们提出的个体权利、个人自由、个体意志仍然是当今欧美社会最关注的议题。西方心理逐渐发展起来的"人格"概念,强调的也是个体不同于他人的独特的特质。这些都与互依我的建构方式非常不同,我(宋歌)在向国内同行介绍流行于北美心理学界的"identity"这个概念时就遇到过很大的困难。虽然可以勉强将其翻译成"身份"或"身份认同",但"identity"的定义——"塑造一个人自我感知的记忆、经历、人际关系和价值观",使很多国内同行一头雾水,最后我(宋歌)把独立我视角下的个体对自己是谁的认知,重构成了互依我视角的"归属感""角色""地位",才将其解释明白。

正因为主要的自我建构方式不同,所以东西方文化下自我发展的目标也非常不一样。强调独立我的欧美文化的重要目标之一是自我实现。马斯洛把自我实现列为个体最终的需求,指个体实现其个人的潜力、能力和最高的自我价值,这与我国儒、释、道文化强调的内容非常不同。儒家强调个体以"仁、义、礼、智、信"这些儒家建构的伦理价值来修身,并强调修身后齐家、治国、平天下,最终也还是导向了和他人的关系，而非尊崇实现个体自身的独特价值；道家强调"道"是一切的本源，宇宙与自然是由无限且恒定的"道"组成的，通过"道"的作用，万物得以生成、发展和变化，人只是其中的一种，融于"道"中发展变化；佛家强调证悟无我，即彻底悟道万物万法皆相互依靠、联结，无法独立存在的本质。

自我构建方式的不同，也导致了人们对人际边界有不同的界定。在强调互依我的文化中，"人"的最小单位是"我们"，这里的"我们"可以是一家人、一个团队、一家公司，还可以是一个民族或国家，对于同一个"我们"内部的个体，主张相互包容支持，并在必要的时候为了"我们"的利益，让渡、牺牲自己的需求。在强调独立我的文化中，"人"的最小单位是"我"，是一个个体，主张个体与个体之间有泾渭分明的边界，且每个个体都有权定义自己的边界。最直接的例子就是，在医患关系中，当患者本人意识清醒时，欧美的医生一定且必须直接和患者本人交代病情并商量治疗方案；而在我国的文化中，更常见的是以一家人作为单位面对疾病带来的压力，由家属代表患者和医生沟通，并在必要时向患者本人隐瞒病情。这也是为什么当本土助人者生硬地向本土来访者家属解释保密条款并告知关于来访者的一切都无可奉告时，会使部分家属，特别是直接支付咨询费用的未成年来访者的家属，感到大为不解甚至被冒犯。

高语境与低语境

不同的自我建构方式也发展出了非常不同的社会取向（social orientation）。爱德华·霍尔（Edward Hall）在语境理论中提出"高语境"与"低语境"两种非常不同的社会取向。强调互依我建构的文化，更注重大局、整体，以及不同元素之间的联系，其沟通更倾向采取不说破的方式来维护关系的和谐,但来访者通过双方共有的经验、背景信息,以及非语言线索是可以揣摩到的。在 TVB 电视剧《新闻女王》中,方太和下属打麻将时观察对方的牌品、通过谈买包来隐喻自己的用人之道,这就是高语境沟通的例子。在强调独立我建构的文化中,更关注元素独特的细节,其沟通更倾向直接用言语说明用意,就像英文写作要求开篇直接呈现论点,并用具体详细的例子进行佐证,这就是低语境沟通的例子。

西方心理学理论的盲区

传统心理学理论在独立我视角的影响下,倾向脱离社会、文化、自然环境,从个体内部生物化学维度去理解行为、情绪,并因此声称该视角下的研究结论是客观的、科学的,是适用于全世界的标准。然而,我们表达情绪、痛苦的方式其实一直受文化、环境的塑造,痛苦和创伤会用所处时代及文化允许的方式进行表达。对于同一族群来说,同一种心理状态在不同时代会有非常不同的表现。以创伤症状为例:在波尔战争中,英国士兵多主诉关节疼痛和肌肉无力;在美国内战中,士兵常感到左胸疼痛、心跳无力;在第一次世界大战期间,美英士兵多发生神经性痉挛,甚至会做出古怪的躯体动作乃至瘫痪。而处于同一时期的不同族群,也会因文化的不同而呈现非常不同的症状表现:创伤症状在中美洲的萨尔瓦多难民身上主要表现为身体感到灼热;柬埔寨难民的主要表现是感觉自己被冤亲债主的鬼魂找上门来;阿富汗难民则表现为神经性的愤怒。这些症状都与当今西方心理学所列出的创伤后应激障碍(post-traumatic stress disorder,PTSD)经典症状相去甚远。

由于西方心理学从独立我的视角出发,因此他们认为社会功能的损坏是由心理症状导致的，比如，因为过度焦虑或抑郁而无法上班、上学，所以疗愈需要抽离社会关系及责任，请假回家疗养，甚至去一个与原有社会关系完全隔离的环境（比如，医院的精神科住院部）进行特别治疗。但在强调互依我的社会，社会关系的损害可能就是最直接的症状，患者和家属对于疗愈的首要需求就是恢复其社会功能，所以他们会异常抗拒需要从社会关系中完全抽离出来的干预方式。

西方心理学理论对互依我文化的偏见

两种自我建构方式各有优劣，但单方向地用一种文化的价值观去解读另一种文化，把不符合自己文化价值的差异解读为是病态的，就会形成偏见。

西方心理学理论基于独立我的自我建构方式，强调个体间需要有清晰的人际边界，因此得出中国人"人我边界不清楚"的结论，就是典型的例子。因为所谓"人我界限不清楚"，其实反映的是两种文化中最小的单位的不同。一旦理解了这个差异就会发现，在中国文化背景下，不同的最小单位之间的界限非常清晰，以"家"这个最小单位为例，"家丑不可外扬""清官难断家务事"都展现了中国文化背景下的人我边界。反过来说，如果用互依我的视角去解读西方心理学对自我的聚焦和研究，就会觉得他们的我执太重，过分以自我为中心——这也是一种偏见。

西方心理学中的另一个偏见是，认为中国人不独立、依赖性太强，是人格不成熟的表现。其实，在推崇"自己完全主宰自己的命运"的文化背景下，虽然个体更少受人情世故的牵绊，能更多地按照自己的意愿生活，但弊端是，当出现重大的压力和挑战时，也被默认要自己独立去面对，让向他人求助、寻求支持变得异常困难，而一家人、一个集体群策群力、互相包容分担的体验则更为稀有。在西方的一些国家，年长的人士只能在独居和养老院间做选择，几乎不存在"和子女同住"这个选项，这和"必须由子女养老"一样，都限制了我们的选择和生活方式。

两种自我建构的共存

两种自我建构方式一直并存于各种文化中，但不同的文化会更强调某一种自我建构。哪怕在同一种文化背景下，自我建构的方式也不是单一且一成不变的。在工业革命以前，哪怕是在一些西方国家，也更多的是大家庭成员共同在家族土地上耕作、生活，一个村的人养一个村的孩子，农业社会的运作方式和互依我的自我建构是相辅相成的。独立我的自我建构真正在西方国家获得主导地位，是伴随工业革命而发生的：生产效率的提高解放了大量的生产力，在城市就业机会的吸引下，人们从农村迁往城市聚居，逐渐进入了更符合独立我建构的、以核心家庭为单位的新型居住形式，西方经典心理学理论就诞生于这个时期。近几十年，随着全球化和网络科技的发展，人与人之间的物理距离和心理距离再次被缩短，西方经典心理学理论不仅不适用于中国本土文化，也不太适用于处于后现代阶段的欧美文化了，因此在欧美也出现了各种带有互依我、建构理论视角的后现代理论。然而，所谓的"西方后现代视角"可能更贴近东方的传统文化视角。

本土化的心理学理论，既不应该延续西方经典心理学理论认为独立我优于互依我的倾向，也不应该走到另一个极端——主张互依我的唯我独尊，而是超越这种非此即彼的选边站队，承认现代中国社会的两种自我建构是共存的，两种自我建构各有优劣，如果能各取所长，就有可能发展出第三种自我建构。在中国现代化的进程中，独立我的视角和其他西方文化、价值观一起到来，带来了全新的视角和可能性。同时，两种自我建构的碰撞也是很多中国当代家庭代际冲突的重要源头。如果现代中国人能在承认"家人之间的物理距离已经拉开了"的同时也能找到保持情感联结方法，探索出适合于我们文化的设立个体边界的方式，或拥有在不同的场景下调用不同自我建构的弹性，就会形成更符合东方辩证观的自我整合之道。

偏见 2：身心是二元对立的

心在哪里

心理学的"心"在哪里？请凭直觉来回答这个问题。

我（宋歌）在读博期间，曾将这个问题抛给了美国的同学和老师，问他们"psychology"一词中的"psych"在哪里？回答为两种——"在大脑里"和"在身体之外"，这与中国文化对心的认识差别迥异。"psyche"是希腊语词根，意为"灵魂"，也有"精神"的意思，直译成中文应该为"灵魂学"或"精神学"。"心理"是中文固有的词汇，最早出现于公元 5 世纪（见陶渊明《杂诗》，"养色含津气，粲然有心理"；刘勰《文心雕龙·情采》，"是以联辞结采，将欲明理；采滥辞诡，则心理愈翳"），指心中包含的情理，以及中国古代哲学中的心学和理学。19 世纪末 20 世纪初，"psychology"作为一门现代学科传入中国，在当时众多汉译中沿用至今的版本是"心理学"，这可以反映出中西文化中非常不同的身心关系框架。

传统中国文化的身心视角

汉语中的"心"，是一个含义非常丰富的概念，"心"是心脏的象形字,《说文解字》记到"心,人心,土藏,在身之中。象形",但"心"的含义远不止心脏。在中医视角下,心不是解剖学上的概念,而是一个功能概念,如《黄帝内经》中的《灵枢·本神》:"所以任物者谓之心。"《灵枢·邪客》:"心者,五藏六府之大主也,精神之所舍也。"《素问》不同篇章中也提到,"心主血脉,主神志,开窍于舌,其华在面,其志为喜"。这些信息无一例外都是在展现心是一个系统的总称,这充分体现了华夏文明的系统观、整体观:身体是一个整体,不是某个割裂独立的解剖结构。同时,古人认为心是感知、直觉、思维的器官,所以汉语中的"心"也指人的思想、精神、情感、性情等,比如"粗心""心烦""心神""心思",所以"心"在中文中是一个具身的概念,既指身体的结构,也指其对应的功能,这体现了中国传统文化身心一体的视角,最早可追溯到《墨子·经上》中的"生,刑(形)与知处也",也就是在说人的形体与灵知相合,才有生命。

在身心一体的大框架下,虽然有的流派认为心为主、身为从,比如《管子·心术上》中的"心之在体,君子之位也;九窍之有职,官之分也",这里的"心"统指精神活动,统领着身体各部分的运作;也有的流派更重视身体的作用,比如中医认为所有的精神活动只是身体活动的自然作用,《黄帝内经》中有记载,《素问·灵兰秘典论》中"心者,君主之官也,神明出焉。肺者,相傅之官,治节出焉。肝者,将军之官,谋虑出焉。胆者,中正之官,决断出焉。膻中者,臣使之官,喜乐出焉"。并且中医认为精神活动受到身体官能的制约,比如《素问·宣明五气》中的"五脏所藏,心藏神,肺藏魄,肝藏魂,脾藏意,肾藏志",但不管身心谁为主谁为从,中国各传统哲学流派多认为身心是相互影响的,是一个整体的两种不同表现方式,比如《管子·心术下》就记到精神活动和身体是相互影响的关系"形不正者德不来,中不精者心不治……人能正静者,筋韧而骨强",而中医也认为不同的情志会影响脏腑功能，"怒伤肝、喜伤心、思伤脾、忧伤肺、恐伤肾"，同时，不同的心理情志、身体疾病都和气的各种状态相对应，正所谓"百病生于气也"。因此，我们可以通过调理气来治身心疾病，比如怒气可以克制忧思，意思是想治疗思虑过度引起的抑郁状态，只要把怒气引导宣发出来即可。同时中医因为遵循身心一体的视角，在治病时，并没有刻意区分心理疾病和生理疾病。

传统西方文化的身心视角

西方文化自希腊以来，主流的身心视角都认为身心是二元对立的，并明确区分出心理、意识、主体与物质、身体、客体间的边界。其标志为笛卡尔的身心二元论，认为物质（身体）和心灵（思想）是两种不同的且相互独立的实体，物质占有空间、可被量化和观测；心灵则不受任何物理规律限制，并有进行思考、意识和自我认知的能力。斯宾诺莎在笛卡尔的基础上提出了身心关系理论，它虽然名为"身心合一论"，把心灵和物质作为等同于神这个实体的两个属性，但认为这两个属性是彼此独立、无法相互影响的，在本质上其实是一种"身心平行论"。因此，在身心二元对立的大框架下，西方文化中，研究物理世界的学科（比如，物理学、化学、生理学）和研究精神世界的学科（比如，哲学、心理学）有着明确的分科与边界。

同时，西方传统文化的各哲学流派往往认为，与心灵相比，身体是更低级的存在，甚至是思维、理性的障碍。比如，柏拉图在《斐多》中讲道：

> 肉体使我们充满了热情、欲望、怕惧、各种胡思乱想和愚昧，就像人家说的，叫我们连思想的工夫都没有了……还有最糟糕的呢。我们偶尔有点时间来研究哲学，肉体就吵吵闹闹地打扰我们思考，阻碍

我们见到真理。这都说明一个道理：要探求任何事物的真相，我们得摔掉肉体，全靠灵魂用心眼儿去观看。所以这番论证可以说明，我们要求的智慧，我们声称热爱的智慧，在我们活着的时候是得不到的，要等死了才可能得到。①

在中世纪的欧洲，身体甚至被视为罪恶之源。笛卡尔的"我思故我在"也强调了心灵优于身体的核心地位：身体和物理世界的一切经验都是可以怀疑的，但心灵的存在和活动是不可怀疑的。启蒙时代之所以会兴起理性主义，认为理性和逻辑推理为获取知识的基石，也是基于这种扬心抑身的哲学观。而西方科学提倡基于观察、实验和数理推理的研究方法，是理性主义在当今社会中的延续。在这样的视角下，身体是心灵追求真理的工具，单方面受心灵的指挥。

传统的西方身心视角的另一个特点是，认为精神活动仅发生在由大脑和脊髓组成的中枢神经系统中，而完全忽视了身体其他部分以及环境在精神活动过程中扮演的角色，因此才有"心理活动是大脑机能的表现"这样的认知，并发展出专门研究感知、记忆、言语、思维、智力、行为和大脑机能结构之间联系的神经心理学。钱穆由此提出："故西方人之心理学，依中国观念言，实只能称为物理学、生理学，或竟可以称之为脑理学。"而当西方文化用身心二元对立的视角去理解孕育于东方文化身心一体这一视角的学科、实践时，就会产生误解和偏见，比如，印度瑜伽的核心是身心合一、梵我合一的修行，强调通过体式、呼吸和冥想的结合，达到灵魂与宇宙的合一，但瑜伽传到西方后被身心二元地阉割了，变成了一种锻炼身体的方式，强调体位法，并发展出流瑜伽、热瑜伽、力量瑜伽等一系列强调体能的分支。

---

① 柏拉图.斐多[M].杨绛，译注.上海：生活·读书·新知三联书店，2015.

再如，在身心一体框架下发展出的中医，因无法被在身心二元视角下发展出的科学所验证，故被贴上了"伪科学""迷信"的标签。

当今西方的一些学者也在反思身心二元视角的局限。比如，发展于20世纪90年代的具身认知理论认为，认知不应仅被视为大脑内部的计算过程，而应被视为一个包括身体和环境相互作用的全面过程，强调身体在思维和理解世界中有相当重要的作用，而不是除了中枢神经系统外，身体和物理环境并不参与心理活动、精神活动，只是作为精神活动的场所、载体或生理机制而已。语言学家乔治·莱考夫（George Lakoff）和哲学家马克·约翰逊（Mark Johnson）在《我们赖以生存的隐喻》（*Metaphors We Live By*）一书中提出，我们对抽象概念的理解基于我们的身体对物理世界的体验，比如，我们用"上"和"下"来描述情绪状态（如"心情高昂"或"情绪低落"），就反映了我们对身体体验的隐喻理解。而不同的身体结构也会产生不同的思维方式，比如丹尼尔·卡萨桑托（Daniel Casasanto，2011）通过研究发现，左利手和右利手会对左、右赋予不同的意义，如果改变用手习惯，那么对左、右赋予的意义也会发生改变。身体动作也会影响我们的判断，研究者在另一项研究（Well & Petty，1980）发现，当在听广告时被要求点头的被试，更倾向于认同广告中的观点；而被要求摇头的被试，则更可能不认可广告中的观点。具身认知揭示了身心是相互影响的。

西方心理学对身心一元文化的偏见

身体在很大程度上被心理咨询忽视

主流的心理咨询理论关注的焦点为来访者的想法、情绪、认知、行为，却不怎么关注身体的体验、感受。比如，美国心理学会对心理咨询目标的定义为"帮助来访者调整他们的行为、认知、情感和/或其他人格特点"。助人者在进行初始访谈和搜集背景信息时，除了简单地问一问来访者的饮食、睡眠、生理疾病史外，很少搜集其身体维度的其他信息（比如，来访者娇小的身材是如何影响其对世界的体验以及和他人的互动的，来访者的身体是如何感知不同的情绪的）。心理疾病的诊断条款绝大多数为心理症状，比如《精神障碍诊断与统计手册（第5版）》（DSM-5）对于重度抑郁的诊断条款A中，列出了九个常见的症状，其中仅有两个（重大的体重变化、失眠或嗜睡）为身体症状。如果助人者询问来访者的情绪或症状，那么来访者往往会更多地诉说身体体验及症状，而不是精神症状或心理活动，助人者轻则会感到不习惯，重则会觉得来访者在防御。

然而，汉语本身就是具身的语言，存在大量的身体及其动作的隐喻，比如，心花怒放、垂头丧气、左膀右臂、脚踏实地、脚踏两只船、手足无措、眼疾手快、掌上明珠、咬牙切齿，等等。助人者在西方的理论框架下受训，哪怕全程都处于中文的环境中，也很容易使用英译中的问话方式（比如"你听到父母这么说，有什么感受"），以及非具身的词汇，有意无意地让身体在心理咨询工作中缺位。

心理咨询的主要工作模式为对话

在传统的西方哲学观点中，语言被视为逻辑推理和批判性思维的基础，以及理性思考的重要表达形式。比如，亚里士多德在《修辞学》一书中说道："口语是心理体验的表征，而文字则是口语的表征。"心理咨询的主流流派（比如，动力、人本、认知行为，以及后现代的焦点解决、叙事、女性主义）都是以对话为主要的工作模式，无论是国内还是北美的心理咨询的学位课程，涵盖的范围也多限于谈话疗法。有意思的是，沙盘治疗、戏剧疗法、情绪聚焦、快速眼动疗法，这些在西方属于"小众"的流派却在国内颇有市场，这也是本土受训者、来访者直接在用身体和行动进行选择。

主流心理咨询流派强调对来访者的言语回应，却忽视非言语也是非常重要和直接的回应，比如克拉拉·E.希尔的助人技术模型并不涉及如何通过身体姿态和表情进行情感反应、情感表露或提问、重述。助人者和来访者因为身体状态不同而出现共情盲区的现象也较少被提及。比如，一个听力水平正常的助人者可能意识不到，来访者表现出的敏感、机警并不是因其焦虑，而是因其听力异常敏感而时常处于声音信息过载的状态。很多直接发生在身体层面的移情和反移情也容易被忽略，比如，在某节咨询前助人者感到头疼，更可能被解读为最近较累或没睡好，从而忽视了这可能是对即将见面的来访者的反移情信号。再如，一个身材娇小的女性助人者遇到一位身材魁梧的男性来访者，身材的差异可能不仅会让助人者感觉受到了威胁，还会让来访者本能地质疑助人者的胜任力，从而造成关系建立的困难。在进行个案概念化时，也较少关注助人者直接在身体层面收到的信息。

行业对中国传统文化中通过身体去调理心理的方法接受度较低

《素问·六节藏象论》云："余闻气合而有形，因变以正名。天地之运，阴阳之化，其于万物，孰少孰多，可得闻乎？"是在说万物皆由气的运动变化（即"气合"）而形成具体的形态（即"有形"），而这些形态又因其各自的特征和变化被赋予相应的名称（即"正名"），因此气在传统中医视角下非常重要。这个以气为要素的身心一体的视角在西方心理学中处于完全缺失的状态。在传统文化中，有很多的疗法是通过干预身体和气来调节心境的变化的（比如，中医通过草药方剂疏解肝郁之气，从而治疗抑郁症状），但是这些疗法却基本被排除在主流心理咨询干预范围之外（如果助人者听说来访者想通过中医治疗抑郁，那么多半会不认可）。令人费解的是，近 20 年，国内的不少助人者又热衷于学习、实践经西方文化改造后再从西方引进的正念等相关技术，西方文化在身心二元的视角下，撕裂了传统禅修的觉知、呼吸、姿态体式三位一体的整体视角，单方面强调觉知的作用，却忽视了身体姿势对于心境及气息的影响，并把"气"粗暴地简化为呼吸，完全忽视了传统瑜伽、气功、中医等直接以气的状态去理解身心的视角，以及各种通过呼吸、体式、草药去调整身体内部细微气息的方法，还把最终目的从心灵觉醒简化成减压或治疗心理疾病，让我们感到十分可惜。

认为助人者需要并可以保持所谓的"中立客观的位置"

主体和客体、主观和客观的对立是身心二元视角的产物，传统咨询流派强调助人者通过保持中立来避免对来访者的内心体验产生主观的判断或影响，达到让来访者的心理、精神内容、冲突如实呈现的价值观，延续了理性主义用客观的方法来认识世界的主张，但这种认为助人者可以做到脱离其社会文化背景的"中立"，而来访者需要像物质一样被客观观察的主客相互不影响的视角，已逐渐被现代哲学、认知科学、后现代心理学证明不可行，比如：现象学强调意识（主体）和被意识到的对象（客体）是相互依存的；社会建构主义认为，我们对现实的认知和理解是通过社会过程和互动构建的；后现代咨询理论也指出，在心理咨询中，助人者对来访者的理解和反应都是基于自己的框架和经验，比如，哪怕是对同一个词，不同背景的人也会赋以截然不同的诠释。理解的本质就是主观的过程，连被视为"硬科学"的量子力学也发现，对于微观世界的同一个对象，不仅不同的仪器或实验条件会观察到不同的结果，而用仪器去观测的这个行为本身，也会直接影响被观察对象存在的状态，从而提出"物理学只关注我们对世界的看法"。相信助人者在关系中可以做到中立、客观，不仅与最前沿的哲学、科学发现相违背，还会忽视助人者在关系中通常处于更有权威的位置，忽视这个权力差本身会对关系带来的影响，从而更容易让助人者的价值观以隐蔽的方式强加给来访者。

当西方的前沿哲学、认知科学、心理学都在拥抱身心一体的视角时，本土助人者更不应该紧抱着身心二元的视角不松手。同时，这种"某种视角在自己的文化中存在了上千年却视而不见，一定要等到被西方认可后才接受"的模式，就是一种殖民内化的体现。

偏见3：情绪需要直白的语言表达

- 在《傲慢与偏见》一书中，达西先生向伊丽莎白说："我想告诉你，你占据了我的躯体和灵魂，我爱……我爱……我爱你。从今天起我不想与你分开。"
- 在电影《安妮·霍尔》中，布鲁克林大桥下，艾尔维对安妮说："'爱'是一个太苍白的词，我耐你（I lurv you），我中意你（I loave you），我贼稀罕你（I luff you）。"
- 在电影《泰坦尼克号》中，杰克让萝丝站在船头的最前面，展开双臂，杰克从萝丝的身后紧紧地抱住她，两人相拥而吻。

欧美浪漫爱情电影中的经典片段，多为直白的言语告白以及拥抱、亲吻等直接的身体接触，与我国文学、电影中更含蓄、内敛的言语情感表达、更擅长用行动表达情感的风格迥异。

- 在《梁山伯与祝英台》中，没有《罗密欧与朱丽叶》中那样直接的言语告白，祝英台对梁山伯的爱慕之情更多的是通过行为和含蓄的暗示来表达的。比如，在祝英台即将离开书院回家时，她尝试通过"十八相送"中的话语和行为向梁山伯暗示自己的女性身份和对他的情感。
- 《红楼梦》中，宝黛在沁芳闸桥边桃花下促膝共读《西厢记》，借着书中的角色，委婉地表达彼此的情意。后来，宝玉托晴雯给黛玉送去两块旧手帕，以表心意。
- 在电影《大话西游》中，至尊宝有一段经典告白："曾经有一段真挚的感情摆在我面前我没有珍惜，等到失去后才追悔莫及。人生最悲哀的事情莫过于此。如果上天能再给我一次机会，我会对那个女孩说三个字——我爱你。如果要在这段感情前加个期限，我希望是一万年！"第一次虽然是当面对紫霞说的，却只是为了骗她为自己盗取月光宝盒的谎言；第二次虽是肺腑之言，但紫霞并不在场，且至尊宝即将戴上紧箍儿，斩断世俗的情感牵挂。

西方文化和我国文化本来只是两种擅长不同的体验、表达情绪的方式，但是西方殖民式思维的弊端是，会以自己文化中特有的情感表达方式作为普适标准，对拥有不同情绪表达方式的文化形成各种偏见。

三个偏见

亚洲裔不擅长表达情绪

我（宋歌）在美国求学时，曾有老师在课堂上讲：中文没有表达悲伤的语言，直到近年来才出现相关词汇。在我质疑老师后，老师称自己是在某本教科书上读到的。认为中文描述情绪的能力不如英文，这本来就是一个把西方情绪表达的方式作为普适标准的典型例子：因为亚洲裔不擅长用西方人擅长的方式表达情绪，而且西方人也读不懂亚洲裔更擅长的含蓄的言语情感表达，并且直接忽略亚洲裔用非语言的方式（比如，用行动表达情绪），便得出"亚洲裔不擅长表达情绪"的结论。这就像善于做西餐的厨师跑到中国的厨房，没找到西餐烹饪中用到的各式各样的刀，只看到一把菜刀，便得出"中国厨师不擅长切菜"的结论一样荒谬。

亚洲裔会压抑情绪

有些西方研究得出了这样的结论：亚洲裔被文化规训去弱化情绪的强度乃至抑制情绪。比如村田明日香的团队（Asuka Murata, 2013）通过测量西方人和亚洲裔在看到会引起不同情绪的图片后的反应，发现亚洲裔和西方人在看到同样的图片时，在 600 毫秒内的情绪强度相似，之后亚洲裔组的情绪强度显著降低，因此得出"亚洲裔会抑制情绪"的结论。这个结论体现出西方文化把自己当作标准的习惯，因为同样的结果也可以解读为西方人不擅长管理情绪、会过度放大自己的情绪，毕竟独立我的文化更强调个体需求的表达，而互依我的文化则更强调团体内部的和谐，会认为过多、过于直白的情绪表达太自我了。

这些欧美文化视角的实验还忽略了一点，即实验场景发生在公共领域，而亚洲文化情绪的管理方式是要看场域的——对外人客气、克制，对自己人则可以毫无保留地直接表达。仅仅因为西方文化的个体在公域和私域的情绪表达区别不大，就推导出也可以通过观察亚洲裔在公域的情绪管理方式而推出其在私域中的方式，又是一个把自己的文化框架硬套在其他文化上的例子。

而其不带反思、以自己的文化价值为标准，殖民式地输出对我们文化情绪表达方式的偏见，又容易让秉承谦虚态度的华人不加反思地认同这一片面的评价，继而导致受西方视角训练的助人者把同样带有偏见的视角加在自己和本土来访者身上，不仅形成了对自己的错误认知，还无法调用我们本来擅长的方式与情感工作。

认为中国人用躯体化回避直接的情绪体验、表达

西方文化往往把情绪和身体感受彻底分为独立的两部分。1924年，弗洛伊德的弟子威廉·史德喀尔（Wilhelm Stekel）提出"躯体化"的概念，指内在被压抑的情绪、冲突无法直接表达，只能通过躯体症状表达，并认为这是一种相对不成熟、心理发展不够良好才会有的防御方式。随后，随着西方临床工作者越来越多地和华裔进行工作，在抑郁症治疗维度下提出了"中国人躯体化"（Chinese somatization）的概念。这样的视角不仅反映了西方文化认为"身心二元是对立的"的价值体系，还传递出在西方文化中，心灵体验和言语表达高于身体体验的价值观。比如，我们可以看到很多有关中国人对抑郁症"躯体化"的研究，如果把身体体验和心理体验放在同等重要的位置上，那么也应该有西方人对抑郁症的身体体验进行"心理化"的研究，可惜我们没有找到这样的研究。况且，从中国传统文化的视角来看，身体体验情绪才是最直接的路径，言语上对情绪的表达是一种二次加工，是间接的表达，因此从我们的视角看，西方人舍弃了直接表达的途径，还把这种间接的方式定为一个标准，又是一个西方人把自己的价值体系作为客观标准而把其他文化病理化的例子。

国人表达情绪的方式

国人采用的是身心一体的视角,即情感和身体之间是和谐互动的关系,二者不可分割。情绪的载体为气,而气既属于身体维度,又能受心识调控,因此不仅可以通过身体直接体验到情绪,还可以通过心识领会到情绪,而把这种身心直接体验到的经验用言语描绘出来,反而会因为进行了二次加工而失真。《庄子·外篇·天道》有"意之所随者,不可以言传也"的说法。禅宗也强调,心意相通时,语言便不再重要,比如释迦牟尼讲法讲到酣处,花朵纷纷掉落,百鸟前来驻足,释迦牟尼拈起一朵花,微笑地看着众人,摩诃迦叶看到后也微微一笑,两人此刻无须语言便能心意相通,释迦牟尼便把衣钵传给了摩诃迦叶。

中文中描述情绪的词汇也进一步展现了身心一体的视角,是具身化的,比如,我们常说的"开心""生气""这事让我头疼""感到没面子""坐立难安""感到温暖"等,都有身体的元素参与对情绪的表达。我国传统文化中的情感词汇还有不少是复合型的,即一个词能表达两种或两种以上的情绪,比如"喜忧参半""悲喜交加",这两个词都是既表达了喜悦的情绪,又表达了忧虑或悲伤;再如"面红耳赤"一词,不仅展现了身体的反应,还表达了两种复合的情绪——可能既包含了因羞愧而产生的尴尬和不安,又包含了因生气而产生的激动和愤怒。

汉字是象形文字,因此中文也更擅长通过比喻、意象寓情于景。

- 国破山河在,城春草木深。感时花溅泪,恨别鸟惊心。
- 床前明月光,疑似地上霜。举头望明月,低头思故乡。
- 老夫聊发少年狂,左牵黄,右擎苍。

- 醉后不知天在水，满船清梦压星河。
- 昨夜雨疏风骤，浓睡不消残酒。试问卷帘人，却道海棠依旧。知否？知否？应是绿肥红瘦。

古人的这些强烈且形象的情感表达，套上西方的情感表达框架，多半又会被评判为"以上诗歌中没有情绪表达的词汇"。

国人身心一体的视角还体现在，相较于通过言语表达情感，我们的文化更习惯于直接通过身体的行为来表达情感，比如，通过请客、送礼、为对方做一些事情表达关心和喜爱；又如，中国文化在"民以食为天"的信念下，食物及其相关活动承载着重要的情感表达及交流的功能，亲朋好友一起吃一顿火锅，过年过节吃一顿团圆饭，期间可能没有任何符合西方标准的表达情感词汇，但浓浓的情感早已融入烹饪、分享美食的过程中。

后现代的研究支持

近年来，具身认知的研究发现，情绪是具身的。宝拉·尼登塔尔等人（Paula Niedenthal et al., 2007）通过实验发现，当被试去判断一些描述事物的名词的情绪色彩时，对情绪的感知是身体反应在先，认知识别在后。另一项研究（Stepper & Strack, 1993）则发现，身体的姿态会影响被试在获得赞美时的心境，这一系列的研究都支持了威廉·詹姆斯（William James）在1884年提出的情绪的假设——"情绪是对身体经验的感受"，也呼应了我们文化两千多年来在身心一体的视角下对情绪的理解。

加里·查普曼（Gary Chapman）总结出五种表达爱的语言理论：肯定的话语、精心的时刻、接受礼物、服务行为，以及身体接触。在这五种爱的语言中,只有一种是通过言语进行的,其他四种都是通过身体的接触或身体的行动实现的。因此,我们在助人工作过程中也应当摆脱西方文化对于言语表达的"独尊",看到并更多地把我们本土文化中表达情绪的方式融入进来。

第二部分

用本土化助人技术进行咨询会谈

第 3 章

进行铁三角角色扮演刻意练习[1]的心理准备

什么是刻意练习

"刻意练习"的说法由安德斯·艾利克森（Anders Ericsson）提出，指的是在学习过程中有针对性地进行训练活动，旨在提高某一方面的表现。它具有目标明确、高强度重复训练、获得专业反馈等特点。

铁三角刻意练习的设置

在本书呈现的众多刻意练习中，我们对每项技术都安排了铁三角刻意练习。在这个练习中，由三位成员组成固定的铁三角小组：三位成员轮流扮演助人者、来访者、观察者，刻意而专注地练习某一项助人技术，并通过一次一次地练习每一项助人技术以推进个案的进程。

---

[1] 以下简称"铁三角刻意练习"。

每次刻意练习 90 分钟，分为 3 轮，每轮 30 分钟，其中 15 分钟扮演，15 分钟反馈和讨论，然后轮换角色。无论是线上还是线下，都可以进行铁三角刻意练习。线上练习时，建议观察者关掉摄像头，只有助人者和来访者开摄像头来模拟真实的一对一助人过程。

铁三角刻意练习的功能

铁三角刻意练习要求助人者的扮演者只能使用特定的助人技术，让助人者对于该技术使用的时机、意图、效果、局限有更深的体会。通过这样一轮又一轮的练习，助人者养成了在咨询实践中不断觉察"我在使用什么技术？我为什么使用这项技术"的意图性。这就像是下水游泳前先在岸上练习分解动作，再下水练习分解动作，全部熟练以后才同时进行手部、脚部以及换气的全套动作。如果不事先进行机械和重复的分解动作刻意练习阶段就直接下水游泳，那么最后的结果最好也不过是"狗刨"——既游不快，也游不远。

铁三角刻意练习的设置，既模拟了真实的咨询场景，又因为不涉及真实的来访者，让助人者有更多练习、试错的空间，而且因为要进行角色轮换，所以每一位练习者既可以在助人者的位置练习技术的使用，又可以在来访者的位置体验这项技术，还可以在观察者的位置观察这项技术对咨访关系的影响。铁三角的本质是同辈督导小组，扮演来访者本身就是真正做到换位思考、从来访者的视角理解来访者的最佳方式，而三位不同背景、流派的助人者聚在一起，很容易呈现对同一项技术不同风格的运用，以及对同一个议题不一样的处理思路，这种多元视角的碰撞，可以增加我们对助人过程理解的深度和广度。

基于过往的教学经验，我们总结了四个在进行铁三角刻意练习之前可以做的心理准备，让你在实际练习中更从容。

克服新手焦虑

- 我感觉我还不算是一个真正的助人者，而像在扮演一个助人者……
- 我真的太慌了，我觉得我的经验非常不够。
- 如果我在来访者面前表现得很不专业，那么来访者会不会脱落？
- 要是我错过了来访者的关键信息可怎么办？来访者会不会觉得我无法共情他？
- 我的回应是不是不够妥当？我真的是一个合格的助人者吗？
- 我刚刚是不是做错了？但也没有办法弥补啊，后悔死了！
- 我怀疑这是不是在浪费来访者的时间？
- 我真的可以帮助来访者吗？

初步进入实操阶段的新手助人者常常会像以上这样描述自己紧张的心情。一方面，新手助人者确实缺乏经验，导致在实践中无法像成熟的助人者那样稳定自如地发挥；另一方面，这样的新手焦虑更加剧了新手助人者的紧张，使得助人者更难专注于来访者的议题。在实践中，如果助人者太想让来访者满意、太怕自己犯错，反而会过于注重自己的表现，失去了和来访者的联结。因此，克服新手焦虑是进入刻意练习的重要心理准备。

刻意练习 1　降低期待

新手焦虑更多的是来自助人者自己的担心，从而产生了紧张情绪，这些担心有时和我们过高的自我期待有关。可以试着把自己的担心写下来，觉察自己是否有过高的自我期待，然后调整自己对于刻意练习的心理预期。举例如下。

想法1：来访者若发现我是一个不够专业的新手，就一定会表达对我的不满。

调整后的想法：我就是一个新手，所以我确实有可能不会使来访者感到很满意，这是很正常的，所有成熟的助人者都要经历这个阶段。

想法2：我要尽力表现得完美才行，我不能犯错。

调整后的想法：我只是一个新手助人者，我总拿成熟助人者的标准来要求自己是不现实的。

刻意练习2 安住当下

放松身体能帮助我们缓解紧张的情绪，比如，腹式呼吸、渐进式的肌肉放松训练等能让我们安住当下的技术，可以帮助我们扎根于当下，不被导致我们紧张的纷繁思绪带走，让我们可以为与来访者即将进行的工作腾出心理空间。可在实操进行前5~15分钟进行这项练习。

刻意练习3 心理预演

根据已有的来访者的相关信息，和我们所掌握的关于咨询的设置，在脑海里对本节咨询进行预演。预演不仅可以帮助我们熟悉每次咨询的固定环节和过程，达到更为熟练的目的，还可以通过不断预演，在想象层面对紧张的情绪进行暴露，通过脱敏达到缓解紧张情绪的效果。心理预演的语句包括：我们在实践中会如何说话、来访者可能会如何回复，以及我们将如何应对等。

不再怕犯错

当我们说到"怕犯错"时,其中的一个核心情绪词是"害怕"。在害怕这种高度紧张的状态下,身体分泌的肾上腺素会让我们处于一种警戒的状态,随之而来的是头皮发麻、呼吸急促、心跳加速、手发抖等身体反应,然后就会出现思维的停滞,让我们感到大脑一片空白或反应迟钝。在这样的状态下去进行助人实践,效果必然不佳,也无疑会让我们感到更加挫败。

然而,令人感到奇怪的是,明明"犯错"这种在我们的成长过程中如此常见、无可避免的行为,为什么在谈及时会让人感到害怕呢?从社会系统建构的视角来看,社会系统想要维持平衡,往往会通过"割裂－禁默－贴标签"这三部曲来进行。割裂是通过二元对立的方式,把主流的价值观视为正确的,把边缘的价值观和做法视为错误的。当主流的声音排挤边缘和少数的声音时,少数的声音就会被禁默。当边缘的群体想要反抗发声时,又会被主流的声音贴上标签(比如,"你是有病的""你是不正常的"),这种对少数的声音的责难会让边缘群体即便发出了声音,也会被轻视或无视。因此,当一些做法被假设是错误的、不应该的时候,我们会产生害怕的感觉就再正常不过了。因为我们害怕的并不是犯错,而是犯错背后带来的惩罚,即被孤立、被否定、被轻视无视,以及被贴上各种会引发我们产生羞耻感受的标签。

一旦我们更清晰地看到自己是如何被系统对待的,就可以参考以下步骤进行尝试,让自己有机会从"害怕"中解放出来。

- 允许自己身体感受到害怕,至少先不责怪自己,减少责难的叠加。还可以做一些安抚身体的行动,比如:在紧张的时候做几个深呼吸，让和缓的气流慢慢地流经紧张的身体；轻微晃动身体，让害怕的情绪不会固着在某个部位；吃一颗糖，给大脑补充它唯一能吸收的能量成分。

- 向同伴讲述自己的害怕，让紧张的感受得到释放，这在某种程度上也是打破了被禁默的状态和封锁的状态。一旦声音流动起来，助人者就会获得更多支持和接纳的感觉，从而取代了被贴标签的羞耻感，让助人者变得更有力量，也能看到更多可能性和解决方案。

- 重构，即拿回自己可以定义自己行为的主动权，跳出助人实践中对和错的二元分类。把每次实践当成从 0 到 1 的过程，看到自己每次循序渐进的进步，而非自己是不是又做错了什么；或者即便犯了错，也是可以补救的。

刻意练习，恰恰是为了承载"错误"而设定的空间。因此，在刻意练习中犯错或出现偏差是非常有价值的。练习的目的是为了成长，如果无法发现错误，就意味着我们发现不了自己成长的空间。刻意练习的铁三角小组是一个同辈督导团体，我们的一些不够恰当的表达，借由同伴的反馈和核对，可以更好地帮助我们进行更正。借由我们自己和同伴的体验，可以获得关于不同技术使用的第一手反馈，使得我们更加共情来访者。

无论是在正式的助人工作实践中还是在刻意练习中，作为一个活生生的人，哪怕是非常资深的助人者，我们也有可能在咨询之后发现一个更好的治疗思路或一种更恰当的表达。不过，这不意味着咨询的过程是错误的、是要避免的。因为犯错也在表明我们是有弱点但同时也有温度的人，而不是精准的机器。况且，无懈可击反而会让人产生一种畏惧和难以靠近的感觉，而助人者出错以及对错误坦诚的态度，也可以间接地影响来访者更宽容地接纳自己的不足。这些疗愈因子恰恰也是人际互动中美妙的时刻。因此，我们主张助人者在刻意练习中做好拥抱错误的准备。毕竟，给自己多一些耐心和宽容，是助人者可以一直坚持在漫长的助人成长道路上不可或缺的态度。

从容应对铁三角刻意练习本身的挑战

铁三角刻意练习的多重挑战

铁三角刻意练习的最大挑战来自它是一个模拟的助人过程，每次都有重点地练习特定的技术，因此与真实的助人过程相比会显得不自然，练习者会感到违背了一直以来的咨询惯性，有一种被束缚的感觉；而且也不会呈现明显地一步步推进的助人效果，这会导致练习者感到沮丧或着急。此外，刻意练习的设置有它的局限性：比如，扮演的时间无法与正式咨询的一样，影响议题探索的空间，也让呈现技术变得更加紧迫；每次扮演不同的角色，都有特定角色带来的扮演压力——"助人者"有被观察和反馈的压力，"来访者"需要思考在多大程度上进行自我暴露和扮演他人，"观察者"如何给出具有支持性的反馈；还包括这三种角色的切换，需要练习者迅速地调整自己的状态等。

调整方法

在刻意练习中，放下对咨询自然流畅的期望。如果助人技术的基本功是从练习刀工开始，那么在刚刚切土豆丝时动作笨拙、生涩是再正常不过的。然而，经过长期练习，一旦上手了，哪怕只是切土豆也能很畅快。此外，自然流畅的咨询过程也和大量的经验积累有关，而不完全是刻意练习的挑战所带来的。"万事开头难"，我们在积极尝试后也许会发现，刻意练习的局限性所带来的挑战也将逐步变成练习者的成长和收获：被观察和反馈的压力会随着练习的次数增多而逐渐变小，扮演来访者可以帮助我们能更好地共情来访者，观察者的身份能在积累更多个案经验的同时发展成更有胜任力的同辈督导，而我们在不同的身份中转换也锻炼出了极强的适应能力和稳定性。

铁三角刻意练习是在一个一个累加地使用技术，最后达到游刃有余地整合使用技术的状态。就像用砖块盖房子，一层一层地垒起来，而不是垒完一块扔一块。在电视剧《士兵突击》中，高连长这样评价许三多："我认识一个人，他每做一件小事的时候，都像救命稻草一样抓着。有一天我一看，嚯，好家伙，他抱着的已经是让我仰望的参天大树了。"刻意练习就像这样，看似刻意的"笨笨"的练习，在练习每一项技术时，都将其作为唯一可以使用的技术，可是长期累积下来，就会成为参天大树。

扮演助人者、来访者和观察者时的要点

助人者扮演要点

- 练习前，调整心理状态，为刻意练习腾出心理空间。用放松、拥抱犯错、积极尝试的态度投入练习。
- 练习中，根据每次练习的设置，放下对咨询自然流畅的期望，成熟的助人者还需要忘记自己习惯的咨询方式，回归初学者的状态，尽量按照设置去刻意练习本次需要练习的技术。
- 练习后，在讨论环节，在自我肯定的同时以开放的心态接受反

馈。看到自己在练习中的收获和成长，并觉察下次可以进一步练习的方向。

来访者扮演要点

- 扮演来访者时，可以选择一个比较了解的个案来扮演。为体现咨访关系、咨询阶段不断推进的过程，在每次练习中应使用同一个个案。选择扮演的个案时，需要扮演者对个案各方面的信息、模式有较为深入的了解，才足以支撑从"倾听"一直扮演到"行动激活"。同时，因为扮演的是另一个人，所以一定会出现扮演到某个节点，扮演者并不确定个案实际会如何回应的情况，这时只需要按照扮演者对个案的理解进行就可以了。还请铭记，要对涉及可以识别个案身份的信息进行模糊或改编。
- 在铁三角中扮演来访者时，也可以选择扮演自己。扮演自己有两个优势：一是呈现的状态最自然、连贯；二是可以让自己在扮演中收获一定的支持和对相应议题的梳理。不过，在非正式咨询的场景中，对铁三角小组成员部分敞开心扉存在着一定的风险。
- 铁三角刻意练习不是咨询，其最主要的目的是帮助助人者扮演者练习相应的技术，而不是为来访者扮演者提供疗愈或督导，且因为强调对特定技术的刻意练习，过程也可能不如真实咨询那么流畅，所以不管是扮演来访者还是扮演自己，都需要回避创伤、严重情绪波动等需要在正式咨询设置下工作的议题，而要选择个人探索、成长性质的议题。
- 在进行铁三角刻意练习时，小组成员需要签订保密协议，不对外泄露练习中涉及来访者扮演提供者的信息。

观察者扮演要点

我们将根据观察者的三种功能来介绍观察者扮演的要点。

观察者的第一种功能是提供反馈。

观察者在铁三角刻意练习中相当于同辈督导的角色,帮助助人者觉察自己助人技术的使用情况,观察者可以反馈的维度如下。

- **言语层面**。助人者使用了什么样的句式、什么样的措辞和形容,表达是否过于冗长以至于挤占了来访者的空间;助人者在多大程度上使用了来访者易于理解或能够引发共鸣的语言;助人者的言语是否与来访者的情感相匹配。
- **非言语层面**。身体的姿势、目光的专注度、匹配的表情,助人者看上去是否发自内心地关注来访者;音色的变化,音量、音调的起伏,言语之间的停顿;助人者开口前有没有给来访者足够的空间,有没有打断来访者;助人者对于沉默的耐受性等。
- **频率**。反馈助人者在多大程度上进行刻意练习,这有利于提醒练习者摆脱已有的助人惯性,进行有针对的刻意训练,还可以让助人者看到自己目前对于技术的熟练运用程度和成长空间。
- **时机**。助人者通常在什么样的情境中使用技术,使用技术后来访者有怎样的反应,是否达到了技术使用的效果。
- **意图**。观察者展开关于技术使用意图的讨论有助于助人者在实践中对于技术使用意图保持觉察。
- **咨访关系的动态**。观察者可将自己体会到的咨访关系的动态变化呈现出来,不仅有助于助人者看到技术的使用对于建立咨访联盟的作用,还有利于助人者使用技术在助人实践中处理与咨访关系相关的议题。
- **来访者的反应**。通过观察来访者的反应可以收集关于咨询疗效的一手信息,即来访者的议题和感受是否得到梳理,来访者是否感到被支持和理解,以及助人过程给来访者带来了怎样的成长和变化。

观察者在提供反馈时,要尽量给出平衡的、不易感到被评判的反馈。平衡的反馈指既能肯定助人者在扮演中的闪光点,又能通过分享自己的观察、不同的视角和做法来帮助助人者更好地觉察自己的成长空间。无论是呈现助人者的闪光点还是可以成长的空间,观察者都可以通过简洁、直接的语言加上自己观察到的具体的助人细节来举例支持反馈的点。比如,当我们要反馈助人者的一个闪光点时,可以这样表达:"我观察到你能非常好地运用倾听的技术,我看到你全程都在关注着来访者,一直保持身体前倾的姿态,你的面部表情一直与来访者表达的感受相匹配,在来访者希望得到回应时,你能通过适时的点头来支持和陪伴来访者的感受。"

督导中的权力差容易引起被评判的感觉。哪怕是同辈督导,因为要对助人技术的使用进行观察、评估和反馈,所以难免会因判断而引发评判感。观察者可以通过以下方式来尽可能地降低同辈督导带来的评判感。

- 观察者需要觉察自我议题、价值观、偏见带来的影响。观察者要避免自己的主观性而做出的偏颇反馈,在助人技术的刻意练习中,尤其要注意觉察因流派不同而产生的先入为主的偏见。
- 观察者尽量使用练习中出现的客观信息作为素材来源进行反馈,这不仅包含了双方具体的言语,还包括了双方的非言语行为所传递的信息。
- 观察者可以使用自我表露的方式来明晰自己的意图,表明自己在分享一种视角,而非在说一个标准,以此避免一家之言带来的权威感和评判感。如果观察者发现自己的表达意图仍然和助人者的理解存在偏差，就可以通过进一步地澄清和核对来避免给助人者带来受伤的感觉。

观察者的第二种功能是维护设置的辅助任务。

- **计时并提醒时间**。观察者在角色扮演开始后，就要开始计算时间。在线上的练习中，在扮演结束前 1 分钟（即扮演了 14 分钟时），通过打字"还剩一分钟"或者打开摄像头后立即关掉的方式提醒助人者扮演即将结束，可以开始收尾工作。
- **记录助人过程的关键信息**。为了讨论环节能够顺利展开，观察者要在自己的能力范围内尽可能地记录。能够提供逐字稿最佳，如果来不及，那么可以记录下助人者在扮演中给出的回应，以便在讨论环节帮助助人者复盘。

观察者的第三种功能是自我督导。

观察者不仅是在服务助人者和来访者的扮演者，也是在通过自我督导提升自己作为助人者的胜任力。理由如下。

- 当局者迷，旁观者清。作为"局外人"的观察者，稍稍往后退一步的位置有利于摆脱像咨访双方那样的过度情感卷入带来的影响，使得观察者能以更明晰的视角看到咨访双方的动力状态。
- 在铁三角设置中，观察者负责逐字稿的记录，这项工作使得观察者在复盘中率先整理了助人过程中所有的言语信息，使得观察者能以更客观的视角观察咨访双方的互动，也更易于通过复盘发现助人过程中技术的使用是如何促进疗效发生的。
- 观察者带着这些可提升助人技术的觉察和领悟再回到助人者的角色中，既可以将上一轮从助人者使用技术过程中学习到的闪光点进行实践，又可以结合自己的思考对上一轮扮演中有缺憾的部分做出新的尝试。如此循环，观察者的身份便也能提升助人者的胜任力。

第4章

示范案例背景信息

本书中，我们三位作者基于在国内临床工作的经验，编撰了一个有代表性的本土案例，用于示范第二部分涉及的各项助人技术。一方面，这弥补了国内大多心理咨询书籍直接翻译国外案例，无法展现本土来访者的特点，也无法示范本土化的助人工作方式的遗憾；另一方面，用同一个个案示范不同的助人技术，不仅平行了铁三角刻意练习的设置，又能让读者直观地体验不同助人技术的特点，以及个案的工作是如何随着不同助人技术的使用而推进的。本个案的编撰基于国内中青年女性这个群体共同面对的挑战，而非某个我们实际合作过的特定来访者的信息。

静婷，36岁，大学本科，已婚并育有一个8岁的儿子。求助的原因：儿子上小学二年级，"学习不认真，也不主动学习"，成绩排名靠后，让静婷非常头疼。在辅导作业时，静婷发现自己控制不了情绪，会朝儿子大吼大叫，事后又为自己情绪失控而感到很后悔。这样的互动模式持续一段时间后，儿子并没有发生什么改变，这进一步让静婷因觉得自己不是一个好妈妈而自责，她非常焦虑和痛苦。在闺密的建议下，前来求助咨询师。

静婷成长于一个传统且严格的家庭，爸爸是校长，妈妈是护士。静婷从小很自律听话，成绩名列前茅，从"211"院校毕业后进入国企工作。26岁时，在父母的安排下与大自己5岁的先生结婚。先生为某著名民企的中高层管理者，公公婆婆均在体制内工作。静婷27岁怀孕，当时她在团队中担任领导职务，前景不错，但因家人一致认为女性应该优先顾好孩子和家庭，且老公收入不错，家庭也没有经济上的压力，已经为静婷提供了优于大部分女性的物质条件，因此静婷"只需要"照顾好孩子就好，不用想其他"有的没的"。静婷听从了家人的建议，将"做个好妈妈置于首位"而辞去了工作，全职在家带儿子。

初始访谈

助人者了解了静婷的主诉、成长经历、工作经历、婚姻状况等，并进行了常规的危机水平评估，之后和静婷一起讨论咨询目标。静婷主诉咨询目标是帮助儿子养成良好的学习习惯、提高成绩，并找到能帮助自己控制情绪、不发火的方法。助人者表达了把咨询目标定在改变不在场的孩子的成绩上是比较难以实现的，并指出单纯靠控制情绪很难达到"不发火"这个目标。助人者提出，可以和静婷一起探索她的成长经历，以及生活现状对亲子关系的影响，看到自己在亲子关系中的模式，找到自己情绪背后的原因，从而看到自己可以做哪些调整以改善亲子关系，达到缓解情绪的目的。静婷表示同意，双方约定以每周一次的频率先做12次咨询。

第1次咨询：着重示范的技术——重述

静婷举了多个例子说明在孩子学习不认真、成绩不好时，自己便会勃然大怒，但事后又会立刻陷入自责的状况。还分享了孩子成绩不如意，自己应该负全责，自己既担心孩子的未来，又自责自己无法成为一个好妈妈。助人者通过重述推进静婷的表达，共情其对孩子的期待、对自己的自责。助人者总结，静婷的做法一方面体现了妈妈对孩子的爱和关心，另一方面也反映了她对自己和儿子有较高的期待，这让静静意识到了自己无法接受儿子的平庸。助人者和静婷相约在下一次咨询中探索静婷对自己及孩子的高期待是如何形成的。

第 2 次咨询：着重示范的技术——提问

静婷提到，从小父母对她要求严格，而且她本身也对自己的要求比较高。她在生孩子之前是企业的管理层，工作能力很出色。静婷谈到先生认为育儿完全是她的责任，几乎不参与育儿的状况，而且婆家完全赞同目前的分工，她的父母对此也没有太多异议。静婷一方面觉得目前的分工压得自己喘不过气，另一方面也认同自己应该对儿子的成长教育负全责。助人者通过重述、共情和提问，推进静婷探索自己的高期待是如何形成的，帮助静婷看到自己对好妈妈的高标准是既认同又感到有压力的。

第 3 次咨询：着重示范的技术——情感反应

静婷今天欲言又止，助人者使用情感反应、即时化等技术帮助静婷表露出自己的犹豫：认为咨询带来的帮助不大，不清楚是否要继续。助人者发现，静婷对于在上一次咨询中说了老公、婆家和父母的"坏话"感觉不妥，还对把钱花在了自己身上而不是儿子身上感到内疚。同时，静婷发现在感到自己为家庭的牺牲没有得到相应的回报时就会控制不住地发火，随后又感到内疚。咨询师通过情感反应陪伴静婷一起探索了她复杂情绪体验的各个侧面，也正常化了静婷对自己的付出被看见、有回报的需求，以及做一个好妈妈的需求。

第 4 次咨询：着重示范的技术——情感表露

静婷分享过去的这一周，因为孩子作业不太多使得自己的情绪比较稳定，她利用这个机会检讨了自己在育儿过程中做得不好的地方，感觉自己很失败。助人者共情静婷的经历，通过情感表露正常化当周围人都觉得自己做得不好时，自己很容易内化这个评价，还通过表露自己看到静婷自责的感受，提出另一个可能：是他人的期望过高，而不是静婷没做好。静婷随后谈到在全职育儿的这几年中自己有一种"被吸干"的感觉，同时又觉得自己不应该有这样的想法，也不敢把这一面展现给家人。助人者进一步用情感表露和情感反应呈现静婷内部的矛盾：她既感觉到自己耗竭，又认为自己不应该有这样的感受。

第 5 次咨询：着重示范的技术——解释

静婷和助人者分享自己最近又因为儿子不完成作业而发火了，但老公的安慰却让她"胸口堵得慌"。助人者通过不同程度的解释，反馈静婷容易自责的模式，并试探性地提出此模式和静婷父母对其苛刻的要求有关。助人者还反馈很少听到静婷讲述自己的需求，并推测这是因为静婷需要满足太多其他人的需求，完全没有空间去容纳自己的需求了。咨询结束时，助人者使用即时化提问向静婷核对听到解释后的感受。静婷表示从没有人问过她自己有什么需求，需要时间消化一下。

第 6 次咨询：着重示范的技术——即时化

静婷分享自己自上次咨询结束回到家后就忙起来了，没有机会再去探索自己的需求。助人者即时化地表露自己听到了静婷叙述的体验。在静婷表达很抱歉让助人者不舒服后，助人者即时化地反馈在彼此的关系中，静婷也有优先照顾助人者体验的倾向，希望静婷能在彼此的关系中试着看到自己的需求。静婷在受到触动的同时，还希望助人者告诉自己该如何平衡自己的需求以及家人对自己的期望，并对助人者没有明确告诉其方法而感到不满，助人者即时化地表达自己之所以这么做，是因为不愿让静婷多出一个需要完成的要求。静婷在感受到冲击的同时，也与助人者分享了自己小时候需要满足父母、老师的各种期望、要求的例子。

第 7 次咨询：着重示范的技术——挑战

静婷表示自己在过去的一周感到比较"混乱"，既不知道自己的需求是什么，也没有满足家人的期待。助人者反馈静婷同时存在对自己矛盾的期待，也澄清了自己对静婷的期待与静婷解读的助人者对其期待的差异，并在静婷提到自己"很没用"时，把静婷的工作量和当下职场的工作量做对比，呈现静婷超高的负荷与她自我感受"没有用"之间的不一致，并解释这种不一致可能是由环境并没有肯定静婷的价值造成的。听到这个解释后，静婷表示受到了触动。

第 8~11 次咨询：综合运用各助人技术

在接下来的四次咨询中，助人者和静婷一起探索，当文化和家人都把"孩子好不好"作为评价"妈妈做得好不好"的标准，并把这个标准作为对女性是否有价值的唯一标准时，对身在其中的女性造成的压力和物化。助人者一边鼓励静婷表达在全职育儿中的辛苦和不容易，一边和静婷一起探索满足自己需求和满足他人期望的平衡点，一开始，静婷只能在"只有照顾好自己才能照顾好他人"的框架下去探索自己的需求，逐渐地，静婷看到了在自己的需求和他人需求中找到平衡的可能。在这个过程中，静婷一方面对于终于有人理解到她的处境而感到被支持，另一方面为自己的家人和文化对自己需求的忽视而感到无力。在第 11 次咨询中，助人者和静婷开始着手寻找在目前限制重重的环境中，静婷能为自己做点什么，以达到稍稍照顾到静婷自己的需求的目的。在第 11 次咨询中，助人者布置了活动记录表作为家庭作业，鼓励静婷细致记录接下来的一周的行为活动并进行情绪打分，以探索可以更好照顾自己需求的行为。

第 12 次咨询：着重示范技术——行为激活

静婷带着填好的活动记录表来到咨询室。助人者和静婷根据静婷从事每项活动的心情分值找出那些能照顾自己感受的事项，又通过排除受现实因素影响较大而不易进行的活动，最终确定了将练习瑜伽作为照顾自己需求的目标行为。为了更好地激活练习瑜伽的行为，助人者和静婷对目标行为进行切分、细化，以及扫除潜在的障碍，最终把目标定为：在家练习瑜伽，每次 10~15 分钟，在下午 2 点进行，每周 5 次。此外，为了进一步使练习瑜伽的行为得以保持：静婷将在每次练习完瑜伽后，立刻享受 10 分钟的香氛放松作为对自己的奖励；在手机备忘录中把练习瑜伽设置为待办事项，每周在朋友圈分享自己当周的练习体验作为自己的监督机制。静婷也同意在下周和助人者反馈行为施行的情况做进一步调整。

第 13~15 次咨询：综合运用各助人技术

由于对行为激活的保持和结案进行讨论还需要几次咨询，因此助人者在与静婷商讨并获得同意后，用最后三次咨询与静婷讨论了行为激活的情况，一起看见静婷的时间碎片化带来的困难，并根据静婷的实践心得，共同商议调整了奖励方式和监督方式，使其更符合静婷的生活节奏。助人者和静婷还一起总结和回顾了咨询过程带来的收获和遗憾，静婷反馈了自己的变化，比如，对自己和孩子的责难有所减轻，情绪得到了缓解，能够抽空照顾到自己的需要，家人对育儿、家务的参与程度也有提高，但因家人仍然无法理解自己作为全职妈妈的处境而感到更加孤独、孤立。助人者和静婷讨论，为了建立人际的联结感，共同商议静婷在后续参加一个女性成长团体的可行性。静婷还表达了对于这种团体的期待。在最后的时间，助人者和静婷也一起在情感上好好说再见，助人者也表达了如果静婷日后有需要，助人者仍然欢迎静婷的归来。

第 5 章

技术 1：倾听

倾听容易被误以为是最简单、最没有技术含量的助人技术。很多人误以为倾听只是用耳朵去听语言信息而已，我们却认为倾听是最难的助人技术。美国管理学家史蒂芬·理查兹·柯维（Stephen Richards Covey）曾说过："大多数人不是为了理解去倾听，而是为了回应去倾听。"当我们以为自己在倾听他人时，我们真的在听吗？我们会不会不经意地开起了小差？或者急于找机会去表达自己的想法？我们往往更在乎自己的声音是否被听见，却容易忽略对方也是一个需要被听见的个体。当感到自己被误解时，我们迫切地想要澄清，此时可能已经完全听不到对方在说什么了。哪怕我们真的在听，我们是不是把他人的话塞进了我们自己的框架里，下意识地过滤掉那些我们认为不重要或不想听到的信息？还是真的能把自己暂时放下，进入对方的世界？

倾听难就难在，我们渴望被听见，但又缺乏被好好听见的经验。真正的倾听是什么样子的？我们可能在书本中读过，自己却没经历过，在我们表达不满过后，往往会得到对方这样的回应："不是这样的。""我不是这个意思。""你怎么能这样说呢？！"这样的回应让我们感觉自己的表达被否定了。如果在我们向对方表达自己的不满后，哪怕对方仅仅是认真听着，并不急于回答或辩解，也没有要去分析或缓解我们的情绪，并在我们讲完后关切地说"我听到了，你说的意思是我刚才的那几句话让你感到不被重视"，那么我们又会有怎样的感受？不带任何其他目的，只是因为我愿意在这里听见你，因为我想理解你，这样的倾听具有巨大的疗愈力。

可是，如果简单粗暴地说我们完全不会倾听，那么这也是不准确的。在高语境的环境中生活，我们多多少少能听懂一些弦外之音。比如，邻居平时从不过问你家孩子弹琴的情况，突然有一天阴阳怪气地对你说"你家孩子弹琴越弹越好了啊"，那么你多半能意会到这里的话外音是在说"你家孩子弹琴吵到我了"。我们的这种倾听弦外之音的能力，很像经验丰富的司机在开车时会在无意识中将挂挡、踩油门、打转向灯、观察路况、放音乐等一系列操作同时完成，它已经是一连串下意识的动作，根本不需要拆分步骤。在这样的大背景下学习倾听在助人工作中的运用，不是从零开始学习如何倾听，而是先找出我们在倾听中养成的某些"坏"习惯并进行有针对性的改善，再关注与日常生活中的倾听相比，助人工作中的倾听有哪些需要特别关注的内容。

对倾听技术的去殖民化思考

> **克拉拉·E.希尔的定义**
> 专注于来访者的言语和非言语信息，并努力去确定来访者的所感所想。

希尔模型中的倾听沿袭了西方心理学中认识论的视角，即西方人的价值观是适用于所有文化的客观、中立的普适标准，因此助人者可以脱离自己的文化背景和价值观，客观、中立地去倾听来访者的叙述。实际上，所有的助人者都是在自己的文化、价值观的框架下去倾听来访者的，没有人能完全脱离自己的成长、生活背景做到所谓的"客观"，而中立本身就是一个价值站位，在第二次世界大战中保持中立的瑞士，就是在综合考量历史、地理、经济因素后，采取了最利于本国的立场。每一个助人者都有属于自己的听力范围，当假设助人者可以中立、客观地去倾听来访者时，就失去了觉察助人者自带的倾听框架的机会，这反而是真正听到来访者的最大障碍。

孕育于西方文化的希尔模型，自带还原主义（reductionnism）的视角，即认为复杂的系统和现象可以通过分解成更简单的、基本的部分来理解和解释；会认为倾听对应的器官是耳朵，把倾听拆解为用耳朵听言语信息、用眼睛观察非言语信息、集中注意力这三个动作，对倾听的教学是做加法的过程。在我们的文化中，则认为倾听对应的器官为心神，用心听、聚精会神地听，反映的是整体视角，认为整体的属性和功能大于元素的简单叠加，眼耳意只是通往用心听的桥梁，真正的倾听是心与心的联结，自然能听懂弦外音，而不只是信息的收集和处理。在整体视角下，对倾听的教学是做减法的过程，关注的是如何去除阻挡我们倾听的障碍。

在还原主义的视角下，希尔模型把倾听当作助人者搜集信息、建立关系的一项辅助技术，并不认为倾听本身具有实际的干预、疗愈能力。但在整体视角下，真正聚焦于听见并理解的倾听，本身就有疗愈的力量。禅宗里有一个公案，有一次长水子璇大师问慧觉禅师："本然清静，如何忽生山河大地？"慧觉禅师答："本然清静，如何忽生山河大地？"长水子璇大师由此开悟。禅宗的这则公案，看似在复述对方的语言，但实则在进行倾听，这种对本然内心的倾听一旦被来访者感知到，就能获得疗愈。中医有一个辩证治疗思路叫疏肝理气，意思是当患者的某些症状辩证为肝气郁结，使得肝脏的疏泄功能受阻，那么治疗思路就是用方药、针灸、调畅情志等方式，让肝里郁结堵着的气疏散开，全身气机顺畅，患者的病就能痊愈。倾听很像中医里的疏肝理气，在助人者给来访者足够的倾听后，来访者就有机会将很多压抑在心中的无法说出的苦表达出来，从而获得疗愈。

对倾听的本土化视角重构

> ⭐ **本土化视角重构后的定义**
> 助人者在识别出倾听的阻碍后，带着对自己更多的觉察和了解去靠近来访者，用心听见来访者、助人者自己，以及彼此关系的过程。

基于以上去殖民化的思考，以及本书读者可能的中西化程度，我们采用先做减法再做加法的方式来呈现倾听技术。

倾听助人者自己之识别倾听中的阻碍

刻意练习 4 倾听自己的中西化程度

欧美的价值观、世界观不可避免地随着现代化、全球化进入我们的文化。当下的中国社会，在教育、职场、医疗等多个关乎民生的领域多采用欧美的方式和标准，使生活在其中的我们多多少少会被西化，但程度会因人而异。很多人际冲突反映的就是中西文化的冲突，比如，长辈可能觉得晚辈直接回掉亲戚太不给面子，晚辈却觉得长辈死要面子活受罪。这就是高语境文化和低语境文化的冲突，而我们都更容易去听与我们自己的价值相似的叙述，更不愿意听到甚至反感与我们自己的价值相左的内容。因此，梳理自己在哪些维度更中化，在哪些维度更西化，可以帮助我们去觉察自己无意识的倾听范围。

请根据以下八个维度为自己打分，并计算出总分。分数越高，说明中化程度越高，西化程度越低。注意，分数的高低没有对错，只是帮助你了解自己的中西化程度。

- 我认为：传统文化都是糟粕（0分）~ 传统文化都是精华（10分）。
- 我更习惯采取哪种我看待世界：独立我（0分）~ 互依我（10分）。
- 我更习惯采取哪种沟通方式：低语境（0分）~ 高语境（10分）。
- 我对身心关系的看法更倾向：身心二元（0分）~ 身心一元（10分）。
- 在表达情绪时，我更倾向：使用情绪词汇（0分）~ 用身体、意象表达情绪（10分）。
- 我看待世界的视角更多是：还原论（0分）~ 整体观（10分）。
- 我生病时更倾向找：西医（0分）~ 中医（10分）。
- 我更擅长写：议论文（0分）~ 散文（10分）。

注意：我们不一定在两级的位置，也可能是两者兼有，只是各占的比例不同，比如既有独立我的边界视角，觉得人和人都需要清楚的界限，但又觉得互依我中的相互关联是很重要的。我就会试着在这两种视角中实践一个平衡点，即5、6分的位置。

刻意练习5 倾听自己在资源、权力上的优劣势

我们拥有/没有的资源也会直接影响我们能听见什么/不能听见

什么，当我们拥有优势资源时，更容易理所应当地认为"我知道了，我可以的，我理解了，我是对的，有问题的是他们"；相反，当我们处于资源劣势或失权时，更容易认为"我知道的还不够，我不行，我不够好，我是错的，我还要做更多"。

请使用权力之轮[①]（见图5-1）。在以下各个身份维度中，分别用圆点标识出你在相应的维度拥有资源的情况，圆点越靠近圆心就表示你在这个维度更有资源或权力感更高，圆点越靠近边缘就表示你在这个维度感到更多的失权。请结合第6章"技术2：共情"中有关共情障碍的阐述，做进一步的觉察。

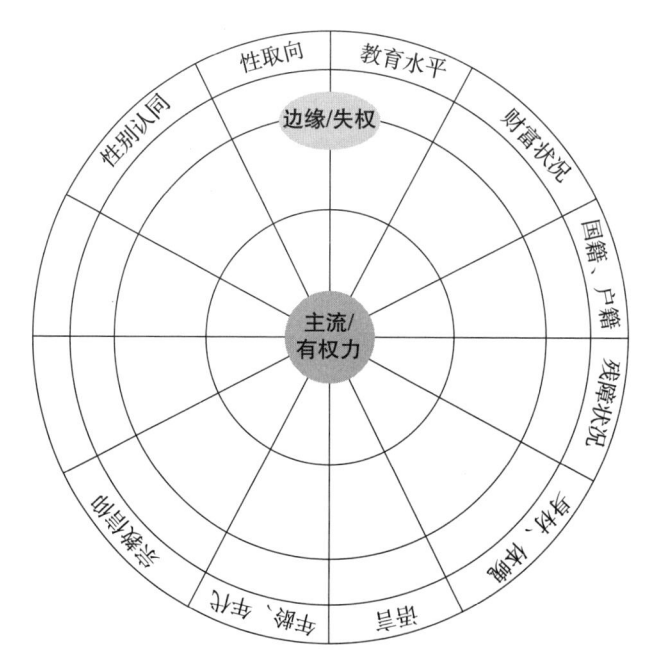

图5-1 中国文化背景下的权力之轮

[①] 图中空着的两格，读者可以自行添加更多身份维度。

刻意练习 6　倾听助人者自己的表现焦虑

实践助人技术时,最容易出现的阻碍是助人者太想让来访者知道自己在好好倾听,或者太怕自己没听好,反而容易聚焦在自己的表现上,而忽略了倾听来访者本身。如果你觉察到自己有这样的表现焦虑,那么请不要责备自己,而是告诉自己这是新手或成长中的助人者一定会经历的阶段,想要做好的心并没有错,但有时太用力了反而会适得其反,可以深呼吸几次,再把关注点重新放在来访者身上。

倾听来访者

当我们准备好了倾听空间并需要发挥综合倾听能力时,就可以细致地了解我们对来访者做了哪些倾听,这是一个细致了解并做加法的过程。

倾听来访者的非言语信息

倾听来访者的非言语信息包括以下几方面。

- **微表情**。来访者是否有皱眉、噘嘴、紧闭嘴唇、眼眶泛红但眼泪又被忍住了、脸色发白或泛红等情况?有不自觉的微笑吗?或者不容易分辨出神情?眼神交流也属于微表情,在来访者讲述时,其眼神更多的是看向哪里的?这些微表情在传递怎样的信息?
- **精神面貌及着装**。来访者的眼神是涣散的还是有神的?大概处在什么样的情绪中?来访者的情绪状态是怎样的?是广泛的(即在叙述中会展现出各种不同的情绪)还是有限的(即只流露出有限的情绪反应)?是易变的(即情绪状态会发生快速且频繁的变化)吗?是像扑克脸吗(即鲜有面部表情,情绪反应也不易被观察到）？来访者的个人卫生情况如何？着装是休闲的还是正式的？是随意的还是精心搭配的？是否与当下的季节相符？服装的颜色是偏素的还是鲜艳的？做网络咨询的来访者，是否会穿睡衣出现在视频中？这些又在传递怎样的信息？

- **肢体语言**。来访者的坐姿是怎样的？身体是僵硬的还是放松的？身体的姿势是开放的还是闭合的？是否有抱胸或抖腿的动作？讲述时伴有手势吗？呼吸是深还是浅？是急促还是松弛？这些肢体语言在传递怎样的信息？

- **语音语调以及叙述方式**。来访者的语速快慢如何？音量大小如何？是滔滔不绝地讲述还是需要助人者不停地提问、引领才能推进？会和助人者抢话吗？讲述中有停顿吗？停顿时间长吗？叙述方式是想到哪儿说到哪儿且会讲很多细节和前后背景，还是深思熟虑、言简意赅的？是否会在讲到一些内容时，声音出现颤抖？是否有一些迟疑或欲言又止？这些又在传递什么样的信息呢？

- **空间语言**。来访者在落座时，是否移动了椅子的位置或朝向？来访者与助人者保持/靠近到怎样的距离会令其感觉舒适？在讲述的过程中，来访者的身体是向助人者的方向前倾还是后靠的？如果是网络咨询，画面中是来访者的整张脸还是也有背景和周围事物？来访者是否提出了想关掉视频的需求？

- **时间语言**。来访者倾向于早到、准时还是迟到呢？在每次咨询中，来访者准备讲述的内容是塞得满满的还是留有余地的？出现沉默时，来访者是倾向说点什么打破沉默，还是等着助人者开口呢？在咨询接近尾声时，来访者是时不时地看表以按时结束，还是倾向于超时，抑或还剩 20 分钟就没什么想说的了？

- **环境语言**。网络咨询的一个优势是，助人者可以直观地看到来访者身处的环境，并把这部分信息作为理解来访者的重要信息。比如，如果来访者在家里连视频，助人者就有机会观察到来访者的居住环境是怎样的（比如，房间的布置、装饰、光线、色彩、整洁度等）；如果来访者是在咖啡馆、图书馆、甚至露天公园甚至天桥下进行咨询，那么这是在传递怎样的信息呢？是来访者缺乏私密安全的空间，还是没有意识到咨询需要在私密、安全的空间中进行呢？这些都是很重要的信息。

以静婷为例，我们可以一起看看，静婷在初始访谈中的非语言信息可能在表达什么。

静婷早几分钟到达（早到达说明来访者重视这次见面，也可能说明静婷习惯性守约），走进咨询室。静婷穿着比较正式的衣服，整齐干净（说明来访者比较认真、严谨，生活处于常态中）。在静婷走进咨询室后，看了一眼助人者坐的位置，稍微犹豫了一下后（因为是非言语信息的变化，这个犹豫需要特别关注，可能说明来访者对沙发的位置不太满意，也可能想对助人者说些什么，但没有说出口），坐在那个空着的沙发上。静婷落座后，只坐了沙发的半边，坐姿端正，腰板挺得比较直，双手交叉放在膝盖上（通过身体姿势，再次看出来访者的认真严谨的状态，还可能说明来访者还处在拘谨不放松的状态下）。助人者先邀请静婷做了知情同意的核对，在确认静婷没有疑问后，开始询问静婷来咨询的原因。在静婷开始表述时，她的语速略快，眼神与助人者有一些短暂接触，更多的是看向地面（这表明她可以和助人者有眼神接触，但更多的是沉浸在自己的表述中）。静婷说着说着，语调开始上扬，语气急促起来，慢慢地，脸还有些红（静婷开始有情绪涌出来，最可能是生气或恼怒的情绪）。

倾听来访者话语背后的内容

在高语境的文化中，涉及个人自我表露的部分［比如，情感的表露（需求及期待、不满意及拒绝、情绪感受）或经历的表露（让自己感到内疚或羞愧的经历等）］，来访者更倾向于用委婉或隐晦的方式表达，而不是直接说出来，这正是助人者可以用心去听的部分。日常生活中常会有这样的时刻，比如，孩子说"妈妈，在这个暑假，我们班好多同学都去外地旅游了"，其实这是在委婉地表达自己也想去玩的需求和期待；女朋友冷冷地说"我没事，你忙吧"，其实这是在表达不满；我们常说"我再考虑一下"，其实这是在委婉地表达拒绝。

比如，静婷在初始访谈中说："就像昨天他（指儿子）数学只考了71分，我看他的试卷，都是最简单的乘法口诀规律，结果错了一堆。然后我就给他讲，还举了好多例子，但是他一直不看题，一会儿盯着我，一会儿这儿抠一下那儿挠一下，动来动去就没停过。我口干舌燥地讲了半天，问他，7×8等于56，所以8×7等于多少？他也不说话，就在那儿玩手，我压住自己的情绪，耐心跟他说，'没关系，你试着说一个答案，错了没关系。'他盯着我看了一阵儿后说，'65？'我的血压瞬间飙升，但还是尽量耐心地跟他说，'你背一下乘法口诀表，七八是多少？'他说，'56？'然后我问他，'所以八七呢？'他又开始玩笔，最后小声地说，'八七我没背过。'当时我再也忍不住了，冲他大吼，'给你讲题10分钟，你走神8分钟，七八和八七是一样的！'结果他冲着我傻笑，最后还是没整明白。整个过程中，他爸爸就在旁边看电视、玩手机，一句话都没说。"

在这段自述中，静婷描述了前一天晚上辅导儿子学习的各种细节，看似没有直接表达任何情绪或需求，但助人者通过用心倾听，听出静婷话语背后可能有以下情绪：对儿子不认真听的愤怒，对自己口干舌燥讲了半天却没有效果的沮丧和挫败，对自己冲儿子发火的内疚，对老公不参与的失望；以及希望孩子认真听她讲题，希望老公帮忙分担、希望助人者能理解她处境的需求和期望。

倾听助人者自己的反应

身为助人者，即便我们很了解自己，但当来访者呈现的状态更丰富多元时，我们仍然需要认真倾听来访者激发了我们怎样的反应。

倾听身体语言和身体的感受及反应

比如，助人者在听来访者讲述时，身体有哪些部位是紧的？有哪些部位是松的？心是什么感觉？是轻快的还是沉重的？自己说的话比平时多还是少？有没有不自觉地抱手于胸前或身体向前倾或向后靠？助人者要倾听自己的这些身体语言或反应，然后好奇它们在表达什么。

倾听内心的反应

比如，在来访者表达时，助人者是焦虑地听、防御地听，还是好奇地听？当自己开小差或犯困时，助人者又听到了什么？当来访者出现某些情绪时，助人者感觉是近的还是远的？有没有"想把来访者从情绪中拉出来"，或"让来访者看到更积极的一面"的冲动？这些反应又在表达什么？当听到来访者的思考逻辑时，自己是感觉顺理成章的还是会有评判升起？这又说明了什么？

倾听彼此的关系

当助人者倾听到来访者也倾听到自己时，还需要关注彼此之间的情感流动，以及因为彼此的反应碰撞而创造出的关系模式等。

倾听心与心之间的距离

可以用心体会，此时此刻，你和来访者之间心与心的距离，是同频共振的、亲近的、尚在熟悉中的，还是疏离的？此时此刻在你们的关系中，你感受到张力了吗？如果用一幅图画或意象描绘你和来访者此时此刻心与心的距离，它会是什么样子的呢？可以在每次咨询中都去倾听自己和来访者心与心之间的距离，并用意象或文字记录下来，再把这些记录放在一起，倾听、感受彼此距离的变化。

倾听沟通协作方式

如果把助人者和来访者的合作比作一起跳探戈，那么双方是如何沟通和协作的呢？是助人者引领来访者跳，还是来访者领着助人者跳，抑或是两人共享步伐的创造和诠释？

刻意练习7 打磨敏锐的听觉（自我督导型的刻意练习）

选取一段来访者较长叙述的录音，用表5-1辅助自己用心听来访者的非言语、言语信息背后的意思，自己的身体及内心反应，以及彼此的关系。

表5-1　　　　　　　　打磨敏锐的听觉辅助表

	此处填写咨询录音中来访者的原话
对照"倾听来访者的非言语信息"一节的各项，听到来访者的非言语信息传达了哪些内容	
来访者言语信息的背后可能有哪些内容	

续前表

	此处填写咨询录音中来访者的原话
倾听时，我有哪些身体感受或反应	
倾听时，我有哪些内心活动	
用图画或文字描绘倾听此段叙述时，我和来访者心与心之间的距离	
在此节咨询中，我和来访者的协作方式如何	
其他	

刻意练习 8　铁三角刻意练习

设置：

- 三人一组，每轮 30 分钟（其中角色扮演 15 分钟，讨论 15 分钟），一共三轮；
- 成员轮流扮演助人者、来访者和观察者。

助人者在来访者叙述的 15 分钟内专注地倾听，只能用非言语回应，不能用言语回应，意图是帮助助人者卸下要去回应的担子，只是单纯地去听，并让练习者在助人者和来访者这两个位置上，分别体验纯粹倾听的力量。

讨论时，来访者、助人者、观察者分别分享自己在这种无声倾听的设置下的体验。

本章难点

问：为什么我无论怎样练习倾听，还是有自己看不惯的

行为或无法接纳的声音？

答：这是非常正常的，因为作为助人者，我们也是普通的人，有自己的喜怒哀乐和价值观倾向，以及自己的道德底线。我们在倾听的时候，带着对自己的一份觉察就好。我们并不推崇一定要做一个万能接纳者或一面毫无盲点的镜子，这不现实。不过，我们依然可以发现，当调动起心神，真正地去靠近一个人时，会有一些时刻，我们是可以全然地和对方联结在一起的。这些时刻会鼓励我们，使我们愿意再去彼此靠近一点，并相信用心的倾听是值得的。

反思：方言在助人工作中的运用

在助人工作中，我们理所当然地把普通话默认为助人者与来访者沟通的语言，并下意识地去合理化："如果来访者说家乡话我听不懂，工作就无法开展了。"这个"理所当然"不仅反映了西方心理学对言语内容的过多关注，还因为助人者的局限而限制了来访者多元的语言表达可能性，即当助人者说不同的语言时，所展现出的性格、状态可能有很大的不同，仅仅用普通话进行助人工作，也失去了与来访者说方言的那一面联结的机会。为了解开助人者对"听不同方言内容就完全无法倾听"的迷思，以及强化助人者对于非言语信息的敏感度，我们建议你找一段自己完全听不懂的方言的音频、视频，在不看字幕的情况，按照"倾听来访者的非言语信息"一节所列的倾听来访者非言语信息的各维度用心倾听，试试能听到哪些内容，并以此为契机，去思考如何把方言的使用引入助人工作中。

第 6 章

技术 2：共情

共情，是一个人带着平等心，去"神入"另一个人的过程。所谓"神入"，是指完整地体会和理解这个人的一切——他的真实处境，以及他因为这种处境所得出的认知、所激发的情绪情感、所使用的应对策略等。

第 5 章提到过"倾听自己"，如果没有共情的基础，就很容易形成二元对立和责难的视角。比如，在倾听自己的中西化维度时，二元对立会使得我们在西化程度高时被批判为"崇洋媚外"；而在中化程度高时，又被批评为"裹足不前"。又如，在倾听自己在资源上的优劣势时，若以责难的视角，就会使得我们在拥有优势资源时被指责为"为富不仁""仗势欺人""站着说话不腰疼"；而在我们处于弱势位置时，又会被说"可怜之人必有可恨之处""一定是你自己不努力，找一找自己的原因"，等等，这些都是外在责难的声音，甚至有时候声音会被内化成我们攻击自己的武器。因此，要想带着共情去倾听自己，不带出一点点二元对立、责难的声音，真的不是很容易的事。因此，我们才需要拿出一章的篇幅，好好地谈一谈共情，让我们有机会更靠近共情的视角。尽管我们难以做到百分百的共情，但是只要愿意带着共情的态度去倾听，倾听就会发挥效用。只有当我们自己作为一个完整的人，真的体验到了被共情，才有机会把这一份共情的倾听传达给另一个人。

那么，共情到底是什么呢？

共情最早是由美国心理学家爱德华·B.铁钦纳（Edward B. Titchener）将德文中的"einfühlung"翻译成英文的"empathy"。自此，心理行业开始将这一概念用于描述人们理解和感受他人情感状态的能力。后来，很多中文译本将这个词翻译成"共情"，慢慢地，这个词成了本土心理学术界的一个通用名词。

然而，在我们的文化中，共情并不是舶来品，这种理解和感知他人情感状态的能力其实是一直存在的。在道家文化的中医视角里，不仅要理解和感知来访者的情感情绪，还需要感知来访者的思想活动、从处世方式中凝练出来的处世智慧等，即把一个人的"神——认知、情感、行动"都感知到，也称"神入"。一旦"神入"了一个人，就是在完整地体会和理解这个人的一切，也就是他的真实处境，即他因为这种处境所得出的认知、所激发的情绪情感、所使用的应对策略等。在儒家文化中，还会提倡以"仁"先行，最初指的就是爱与理解一个人的能力，是一种推己及人的共情方式，像爱自己之后的爱众生，后来就慢慢演变成了一种道德规范。

在现代社会中，也有不少群体"被要求"共情他人。比如，社会对女性的期待，就是期望她们能优先体察并照顾长辈、丈夫、孩子的需求，做很多的情绪劳动；而哪怕在家里是处于被共情地位的丈夫，在职场上也需要揣摩、感知到领导的意图与心意，才能够把工作做到让领导满意等。因此，无论从文化传统或在当代社会生存的境况来讲，我们多多少少都是具备一些共情他人的能力的。可是，为什么我们经常无法调动我们本来就具有的共情能力，而容易陷入是非对错、二元对立、责难的视角里呢？我们需要看到以下的盲点，它们是我们实践共情时的阻碍。

共情盲点

盲点1

下意识地用自己的视角、经验先入为主地假设对方的处境，从而忽略对方的境况和自己可能的不同，用我们自己的视角来理解世界，尽管不完全准确，却是最高效的，因此会被我们无意识使用。在讲究长幼尊卑的互依我文化中，更容易出现"以经验先入为主"的情况，把自己作为老一辈的经验传给下一代，并认为下一代不需要做任何的改动，拿来用就好了，谁拥有了长辈或更有经验的位置，谁就自动获得话语权。在助人过程中，我们也常常以自己的视角和经验假设来访者的处境。比如，来访者表明自己在和周围的人相处时常常感到耗竭，感觉自己在关系中总要讨好和迎合他人，在关系中很有边界感的助人者可能会对来访者说："我周围也有很多这样的人会提出各种要求，但我发现，只要学会去拒绝别人，就自然而然不会让自己感到内耗了。"助人者的这种表露看似一种示范，但有可能会让来访者感觉自己痛苦的状态无法得到共情，可能让来访者产生"你是站着说话不腰疼，你根本不知道我有多难"的感受。

盲点2

如果特权不经检视，就会导致共情匮乏。当个体拥有特权或处于权力高位时，是处于被共情的位置的，即资源的分配、各项安排等都是围绕着高位者或特权者的需求来设定的（比如，如果领导带队出差，那么所定的酒店、餐厅等更多考虑的是领导的喜好）；如果人长期处于这种被共情、需求不说也会被照顾的位置，就会产生一种"整个世界都围着我转"的幻觉，也很难产生要去共情他人的需要，更容易用自己的经验去覆盖他人的体验，因此才会有"何不食肉糜""这么多年有没有努力""有时候要找找自己身上的原因"这些让人感到冷漠的言论。助人者在来访者面前也是拥有特权的，比如知识的特权——由于助人者学习了心理学的理论和实践，更知道咨询的过程是怎样的，也更清楚如何选择适合自己的助人者，而来访者对此知情很少，因此当助人者不检视自己拥有的特权，而下意识地认为自己给来访者拿一份知情同意书，完全不做口头的咨询过程的知情和讨论，只是简单地让来访者签字就可以了，其实就是在使用自己的特权而不自知。

另一种特权更隐蔽，自己所属的群体刚好是社会的参考标准，环境中的各项设置都是以自己这个群体的体格、需求设定的，从而很容易忽略同样的境况可能会让另一个群体感到很多的障碍。比如，男性或个子偏高的人在坐很多沙发、座椅时不会有脚踩不到地的烦恼，在汽车座椅上也很少有系安全带卡脖子的烦恼；再如，身体健全的人可能在人行道上很顺畅地走过，却没觉察到盲道被占、进公司的门前有多级台阶却没有无障碍通道的情况。在有了这种特权之后，当听到他人反馈"我有困难"时，很多人就会自以为已经了解了别人的困境，从而下意识地认为那种困境是可以解决的，只要用自己觉得有效的行为策略就可以了。然而，如果缺少这些资源的支持，那么即使相同的行动策略也不一定能应对困境。在助人的过程中还会经常遇到诸如这样的事情：一些流派提倡的每周多次的高频个人分析，对来访者的经济水平要求很高，工薪阶层的普通来访者则很难负担。

盲点3

我们更难共情被我们视为"他者"的群体。我们往往更容易和自己所属的群体产生认同感，也更容易共情和我们价值观相似的群体，对和我们不一样的个体更容易产生排斥和不认同，也会生出想去纠正对方观念的冲动。在助人工作中，助人者一定会遇到和自己持非常不同观念的来访者。比如，来访者若因担心西药的副作用，平时也有看中医的习惯，想试试中医是否能缓解自己的抑郁；但如果助人者不太认可中医，那么在听到来访者的想法后，可能会专注在如何阻止来访者去看中医上，一不小心站到了来访者的对立面，急着说："我从业这么多年都没有听说中医可以治疗抑郁呢，反倒听了不少因为盲目相信中医而贻误病情的例子。你要不要多了解一下再决定？"这样一来，就无法去共情来访者对于西药副作用的担心，以及来访者和助人者同样希望抑郁能得到控制的迫切心情，容易让来访者感到自己的体验和视角被否定了，从而更不愿意接受助人者的建议。

盲点4

作为助人者，如果我们和情绪或某种情绪的关系比较疏离，就很难共情他人。也就是说，我们是否能共情他人，还取决于我们自己和情绪的关系。如果我们平时就是偏理性的，本来就不擅长去体验或关注自己的情绪，那么要想去设身处地地感受他人的情绪就更难了。同时，我们每个人都很难平等地对每一种情绪都持同样开放的态度，一定会出现这样的状况：对于有些情绪，我们更容易开放接纳，但由于家庭教育、成长环境、社会文化等原因，我们对另一些情绪的感觉是隔阂的，或者当它出现时，我们会自动地切断它。因此，我们是否能共情到他人的某种情绪，与我们自己跟这种情绪的关系是密不可分的。

比如，如果助人者成长于情绪表达很节制的环境中，那么当来访者表达强烈的感受时，助人者可能会感到无所适从，从而失去共情来访者的空间。再如，如果助人者成长于一个要求其事事完美、容错率低的环境中，那么当来访者反馈自己对咨询效果感到不满时，往往会引发助人者的慌乱和紧张，可能会下意识地通过解释、争辩甚至隐形的反驳来回应来访者，而不容易共情到来访者的反馈背后可能在表达什么，以及有哪些可以探索的空间。

盲点 5

有一类人，他们和理性的、无法感知更多情绪的人刚好相反，他们太会共情了，他们拥有发达的共情天线，每一种细微的情绪都能被他们接收到，甚至会提前捕捉到来访者的感受。因此，如果这类人一直打开着共情的天线，感知着情绪，并能捕捉每一个靠近他的人的情绪，就会产生耗竭。这就像一个房间里堆满了各种各样的情绪，最后房间被撑爆了。在共情的过程中，作为助人者，我们也需要打开自己的情感阀门。每逢来访者有重大创伤议题的时刻，我们这种情感打开的状态就会接收到巨大的宛如海啸的创伤情感，因为创伤议题通常会刺破我们的基本安全感，直接唤起我们的生存焦虑。有一些创伤因为经过了代际传承或是一个群体共有的集体创伤，力量更大，这种海啸般席卷而来的伤痛，一个人很难孤身应对，即便是助人者和来访者一起面对，也可能会被淹没，从而产生耗竭。在这种情况下，助人者经常会陷入自我责难中，把这样耗竭的状态归因于自己的脆弱、多愁善感、不够坚强，甚至觉得自己胜任力不足等。这类助人者更需要发展出看见自己、不责难自己的视角，理解自己其实是因为迎面而来的情绪太强烈了，以及自己太擅长共情了才会被淹没、被耗竭。当我们应对这种耗竭时，还需要学习恢复能量的方式，以及发展出何时打开、何时关闭共情能力的弹性。

在共情的过程里，我们可以试着借助以下刻意练习来面对本章提到的各个盲区。

刻意练习 9　摸清自己共情的特点，擅长共情哪些群体、情绪，不擅长共情哪些群体、情绪

留意一下在你的生活、工作场景中，你的朋友或家人，你的同事（包括上下级）或合作伙伴，你更容易共情谁，为什么？你更不容易共情谁，为什么？再反观一下，当你共情这些人的时候，最先捕捉到的是对方的情绪还是他的想法或行为，抑或身体的感觉？当遇到你不容易共情的对象时，你最直接的反应是什么？最后再觉察一下，当你独处时，发呆放空或听音乐、看剧时，你最容易体会到哪种情感，或身体最容易有什么样的感受？

刻意练习 10　助人者觉察自己不同的身份维度所处于资源的优势或劣势，让自己在助人实践中对哪些人群难以共情

使用在刻意练习 5 中的权力之轮，逐一反思每个维度，如果来访者在此维度和自己的资源/权力状况差异巨大，那么自己对其共情可

能会出现什么样的挑战？以下为举例。

- 你是一名女性助人者，你的来访者是一名男性，他说他认为女性应该优先照顾好孩子和家人，不要那么拼地出去工作，你对此有什么反应？
- 你是一名男性助人者，你的来访者是一名女性，她说她认为男性就是不能共情女性所受的苦，还总是在一边讨人厌地说教，你对此有什么反应？
- 你是一名中青年助人者，你的来访者是一名中老年人，来访者说要让孩子听自己的劝，赶紧跟不合适的人分手，你对此有什么反应？
- 你成长于农村，非常努力地考上了"双一流"大学，靠贷款完成了学业，并在大城市立足；来访者从小生活富裕，留学回国后继承家业，年收入是你的 10 倍，你对此有什么反应？

刻意练习 11　针对无法感知他人或更容易使用隔离的方式应对情绪的人

针对无法感知他人或更容易使用隔离的方式应对情绪的人，可以先使用刻意练习 31 的方式，通过与五脏和五种情志对应的音乐来调动自己的情绪并进行感受；再使用刻意练习 30，刻意地增加对自己情绪的关注。

刻意练习 12　针对容易共情耗竭的人群

针对容易共情耗竭的人群，可以使用以下方式进行练习。

- 觉察自己在哪些场景下容易处于耗竭的状态？
- 当自己处于耗竭状态时，往往会有怎样的表现？比如，感受到无力、躺着动不了、挫败、拼命吃东西、刷手机，等等。
- 当发现自己有这些表现时，请你觉察一下大脑中会有哪些声音冒出来？把这些语句列出来，用更慈悲的方式识别它或重构它。举例如下。

    - **脑中冒出的声音：**
        - 例子1：你看，就是你界限不清楚，才让自己这么无力；
        - 例子2：你自己没有能力从情绪中走出来，只会刷手机。
    - **识别**：这些话语是责难的视角，当它们责难我时，不仅不会让我变得更有能量，反而会让我更无力。
    - **重构：**
        - 例子1：我的情感天线比较敏锐，因此感知到无力是非常正常的，只是现在的无力感比较强烈，我一个人承担太难了。
        - 例子2：我试着用刷手机的方式缓解自己的无力，它使我短暂地脱离无力感，让我在过去的半个小时里感到放松。

- 多多发现自己恢复能量的方式。不过多地纠缠于自己被淹没的时刻到底是怎么了，而是把关注力放在自己如何恢复能量上，比如，一次香薰沐浴、一场正念散步、一顿饕餮美食、一场疯玩轰趴，等等。多积累这样的方法，变着花样地对自己好。还可以记录、留意"宠爱"自己的时刻，哪些人、事、物、场景、活动等可以让你感受到被宠爱或安慰？看见它们，并多做一些。

刻意练习 13　关注心神被唤起的时刻

如果我们能够直接进入心神开启后的状态，类似心理学家米哈里·契克森米哈赖（Mihaly Csikszentmihalyi）提出的"心流"状态（这是一种放松而高度专注的状态），则可以直接进入与来访者心与心联结的时刻，即"神入"。因此，回顾自己曾体验到的"心流"时刻，不仅可以让我们从感受层面理解什么是"开启心神"，还可以把这些时刻搜集起来，建立自己的"心神唤起档案"，从而更自如地开启心神。

从体验的记忆中搜索一下，你曾经历过的哪些时刻是可以放松而专注的——那种时间过得很快、自己又不觉得累的时刻。比如，在读一本书时，你看到有一段话写得特别精彩，感觉它写到你的心坎里去了，并产生了强烈的共鸣，那一刻，你的思想、情感、精神都融合在一起，非常享受而愉悦；听一段自己喜欢的音乐，仅仅是放松地听，看看自己有怎样的情感流过；和家人或友人一起郊游，在郁郁葱葱的森林中，看阳光与树影斑驳的摇动，闻树叶的味道，品尝自己喜欢的美食；两只手的十指相对，然后再慢慢分开约一厘米，盯着手指间的缝隙，向手指吹一口气，感受风从指尖的缝隙流过……回忆、记录、搜集任何你能够感到放松而专注的时刻。

第 7 章

技术 3：重述

你听到过自己的回声吗？当声音从墙壁或空旷的山谷反射回来时，你似乎听到了自己的声音，但仿佛又像另外一个人在讲话，这是一种怎样的体验？当你朝山谷中大喊时，你的声音在山谷中回荡，形成回声。这个声音不是原声的完全复制，但它保留了原声的核心因素，同时还受环境的影响略有变化。

在助人技术中，当来访者讲出的内容重新回到来访者的耳朵里时，来访者会感到自己的想法和感受被听见并理解；回声所创造的距离和空间感，可以帮助来访者更清楚地看到自己的思考模式和感受，有时还能揭示深层的意义或情感。助人工作中的重述技术就像回声一样，提供了一种反馈机制，不仅让来访者能够听见并更深入地理解自己，还能传递助人者的理解和共鸣。

虽然重述被认为是除倾听以外使用得最频繁的助人技术之一，但在助人实践中，不少助人者说在重述时很担心自己像鹦鹉学舌一样机械地重复来访者的语言，生硬且不自然；有些来访者在接收到重述后感到被质疑和挑战。有些来访者反馈助人者一直重复他们的话让他们感到十分迷茫，并不知道这么做的意图；助人者也反馈自己在选择重述的内容时感到犹豫、没有方向。本章将会带着你，一一破解上述迷思。

对重述技术的去殖民化思考

> ✋ **克拉拉·E. 希尔的定义**
> 对来访者讲完的内容、表述过的意思加以复述或转述。

希尔模型中的重述仅限于反射来访者通过言语表达出来的想法和认知，并没有太多地涉及重述与其他助人技术的联系，倾向于认为每种助人技术都是独立存在的，这是典型的还原主义视角，对重述的界定是狭义的。从整体视角来看，重述的范围远大于对于言语内容的反射，也是构成诸多其他助人技术的重要成分。比如，用疑问的语气进行重述，可以起到提问的效果；重述来访者用言语或非言语表达的情感，即为情感反应；通过模仿重现来访者在咨询当下的表情、动作，即为即时化；在重述中加入自己的理解，则为解释。我们在向你呈现助人技术时，会采用整体视角，更关注不同技术之间的联系，强调每项技术并不是一个独立、全新的存在，而是对之前的一项或几项技术做出一些调整后的版本。这种循序渐进的教学方法，既能降低学习每项新技术的难度，又能让你在学习新技术时巩固已掌握的技术。

在希尔模型的影响下，目前我们做重述的句式也多采用英译中的版本，比如"我听到你说……""听起来像是……""我想是不是……""你说……"，等等。我们鼓励助人者采用本土化的语言进行重述。在北方的语言文化中，有一个说法叫"不让话掉在地上"，因此在重述中加入口语化"衔接词"是我们的语言习惯。比如，在我们的文化中，"我听到你说……"比较地道的中文表达可以是这样的："嗯嗯……""哎呀，真的是……""你的意思是……""所以说……""你是指……吗？""就是……的意思吧？""……对吗？""是不是……？"

希尔模型强调重述时要专注于来访者所表达的内容，暗含了助人者在重述时要保持客观中立的立场。不过，重述不是复读机，不是一字不漏地复述来访者所有的表达，而是在划重点，在来访者几句或一段表述中，选出想要核对、强调或邀请来访者进一步展开的点。由于在这个过程中会不可避免地带有助人者自己的或所用流派的视角，因此哪怕是对于同一段叙述，不同的助人者也会划出不同的重点。一旦我们承认了重述中一定包含了助人者的价值判断，在重述中做到面面俱到、害怕自己划错重点、怕自己的选择影响来访者叙述的压力就会变小，也能更容易以合作的态度进行重述——助人者从自己的视角出发划重点，来访者则可以决定是沿着助人者划出的重点进行展开，还是调整叙述的方向。同时，在我国文化中，来访者更有可能把助人者视为权威，期待助人者给出具体的指导和建议，助人者可以坦然地展现重述具有的引领咨询方向的功能，也给来访者传递一种助人者是有方向的确定感，有助于消除来访者觉得助人者只是在重复自己的话的迷茫感。

同时，希尔模型还忽略了重述的一个很重要的隐藏功能：向来访者表达"我在听"，对建立并巩固咨访关系非常有帮助。简短的重述既不会打乱来访者叙述的节奏，又能清楚地向其传递助人者在听、在试图理解的努力，这个态度本身就会给很多感到自己总是不被听见的来访者带来疗愈。同时，由于重述本身是在传递共情的态度，因此助人者无须过多担心没有划对重点，因为在一段安全的关系中，关键内容会反复出现直到被听见为止,就像如果一个重要的梦没有被做梦者理解,就会反复以梦的方式呈现出来。

对重述的本土化视角重构

> **本土化视角重构后的定义**
> 重述是指助人者从自己的视角出发,把听到和选择的重点反馈给来访者,向来访者传达倾听和共情的态度,并邀请来访者一同确认进一步探索的方向。

如果我们把做重述比喻成盖房子,那么可以从以下五个方面去着手:倾听、共情是重述的地基,因为要重述,所以至少要在一定程度上听到来访者在表达什么;个案概念化是重述的平面图,帮助我们去选择重述的内容;重述的时机为房子的选址;不同的措辞(也可以说是形式)好比重述的装修,为重述提供不同的风格;重述的作用即为房子的功能(我们会将作用穿插在前述四个方面中进行讲解)。

重述的地基:倾听、共情

当我们处在倾听、共情的状态中,自然会对对方言语、非言语表达的内容产生好奇,也更容易体会到来访者看重、在意的部分。因此,重述就是用言语传达助人者在努力倾听、共情。就我们日常生活的经验而言,他人在听我们讲述时,如果直接回应"我在听",就可能会让我们感到被敷衍;但如果对方能复述一些我们所说的话,就能让我们感到被听见。同时,重述还让讲述者有机会听到自己所说的话在他人听起来是什么样子的。另外，在倾听、共情的基础上，凭借直觉或个案概念化，助人者通过重述划出想进一步了解的重点反馈给来访者。可见，重述无关对错。当我们在重述时带着"这是我觉得可以进一步探索的部分，不知道你是不是也有兴趣展开说说"这种合作、邀请的态度时，来访者就会有力量和空间去到自己想要谈的部分。

重述的平面图：个案概念化

对于新手助人者来说，面对来访者表达的众多内容，如何选择一个重点重述跟进是不小的挑战。我们鼓励大家每次只选择一个点进行重述，因为如果同时聚焦于多个重点，反而会失焦，不利于谈话的深入，也容易给来访者一种助人者没做任何信息筛选、只是在做复读机的感觉。可以参照以下维度来选择。

流派认为重要的内容

不同流派会重点关注不同的内容，比如，认知流派会侧重对核心信念以及可以引导出来访者新视角的信息进行重述；在体验层面工作的流派更倾向于对能引发来访者感受的信息进行重述；动力流派的助人者会更聚焦来访者表达中呈现的童年经历、防御机制、移情等。每一个流派都反映了一系列价值取向，助人者可以留心观察自己流派所采用的视角与来访者的世界观有何异同。

与咨访关系有关的内容

咨访关系是助人工作的基石，也是来访者人际模式在咨询中再现的载体。尤其是对于有人际关系困扰的来访者，既可以通过聚焦咨访关系帮助来访者觉察自己的人际模式，又可以通过觉察咨访关系中的阻碍进行有针对性的工作。当来访者谈到对咨询设置、咨询过程的感受或疑问，抑或对助人者的好奇时，都是可以去重述的对象。

助人者印象深刻的点

对于新手助人者，如果还不能熟练掌握个案概念化或分辨所在流派中关注的重点信息，那么也可以基于自己目前的经验和直觉，直接选择令自己印象最深、最难以忘记的点去重述。当助人者能做到在场倾听、共情时，自己印象最深的点很可能就是来访者最在意的内容。

重述的选址：时机

可以从以下几方面来考虑重述的时机。

重述的频率

当助人者担心自己重述得不准确、不全面时，更倾向于频繁地进行重述。如果你在听咨询录音或整理逐字稿的过程中发现，来访者每说一两句，自己就会进行重述，这就是重述频率过高的信号。我们主张以倾听为主，倾听、重述、沉默交替进行。还可以尝试每次重述前先等待三秒钟，把更多的空间留给来访者。如果在这三秒内来访者已经开始讲述了，就表示助人者在此时只需继续倾听就可以了，不一定非要进行言语上的回应。

等待来访者自然的停顿

重述是陪伴和贴近的过程。在来访者讲述时，会有类似抬头核对助人者是否在听的动作，这就像用键盘敲了一段文字后敲击回车键的时刻，此时我们可以进行重述，表示我们在听。如果助人者对于时机的把握感到格外紧张，那么不如专注于倾听，等到来访者有自然的停顿时再进行重述。

听到关键内容时即时重述

如果遇到滔滔不绝地讲述、让助人者插不上话的来访者，那么助人者可以在听到重点时，用简短的重述即时呈现给来访者，尤其是对关键词进行重述，这对来访者的叙述节奏带来的干扰非常小。

重述的装修：形式

我们将重述分为关键词、短句、长句三种形式，在实操时更多使用关键词、短句重述，更不会打断来访者的叙事节奏。

关键词重述

在实践过程中，对于初步学习重述的助人者来说，常常会产生不知如何选择重述内容的焦虑，从而多说的情况，就像考生在考试中为了不漏掉可能的答案而尽量写得多而全面，这样在实践中就可能会造成"失焦"的状况。我们鼓励助人者放下多说或遗漏的担心，每次只选择一个关键词进行重述，并尽量使用来访者的原话，习惯后会发现这样可以很精准地"对焦"，对来访者的扰动更少，能留更多的空间给来访者。如果让助人者从一大段的表述里只提取一个关键词，那么固然会让其更紧张，也会感觉更困难，会陷入用力想要抓哪个词的困境，但可以参照上文"重述的平面图：个案概念化"的部分作为如何选择关键词的向导，同时放弃要说得很全面的期望，反复刻意地练习这种精简的重述方式。

> **示例**
>
> 案例背景提示：第1次咨询，静婷分享育儿中体验到的挑战与挫败。
>
> 静婷：昨天老师给我打了电话，说孩子上课时和同学说话，还说孩子最近学习状态又下滑了，他成绩本来就不好，这下更差了，当我听到的时候，一下子就爆了！
>
> 助人者：爆了啊！（关键词重述，选择了呈现来访者情绪状态的关键词，邀请来访者更多谈"爆了"是一种怎样的感觉）
>
> 静婷：对啊，感觉有一种火气，从脑门那里直接冲上来，我一下子被点着了。但在老师面前我还是忍住了的，就不停地跟老师道歉，感觉自己那个时候就像个做错了事的小学生，除了认错，也不知道还能做什么了。
>
> 助人者：认错？（关键词重述呈现来访者在此情景下常用的人际模式）
>
> 静婷：除了认错，我真的不知道还能做什么了。

在以上示例中，助人者只使用了关键词重述依然可以推进咨询，通过调整关键词的语气和非言语信息，可以起到不同的作用。比如，助人者第一个重述"爆了"，如果用疑问的语气就会传递出好奇，能起到提问的作用；如果用陈述的语气，则在向来访者传达"我听到了，你昨晚感觉失控了"，能起到共情的作用。关键词重述对来访者叙述造成的扰动最少，与长句总结相比，可以更频繁地使用。助人者也可以通过逐字稿关注自己是否会在做关键词重述时，不经意地改变了来访者使用的词汇，并带着好奇揣摩这样的差异可能在表达什么。

短句重述

相较于关键词重述,短句重述更灵活、口语化,既可以直接使用来访者的语言,又可以使用助人者自己的语言,或两者结合。

短句重述方式1:提炼来访者的表述中的一个短句或几个关键词,并稍微重新组织语言。

> 示例
>
> 来访者:我最近总是和老公吵架,每次吵完后就是冷战,越来越疏远了。唉,我真不知道怎么办了,感觉越来越麻木,但好像也没有别的办法。
>
> 助人者:感觉越来越麻木。
>
> 来访者:是的,越来越麻木。想改变吧,却已经对和他沟通失去信心了,但又确实不知道如何打破现状。
>
> 助人者:嗯,想改变,又没信心。

通过这种精炼的短句重述技术,助人者能够有效地与来访者核对其核心感受或想法,为进一步探索和干预提供了一个明确的起点。

短句重述方式2:助人者使用自己的语言对来访者的叙述进行简短的提炼。

> 示例
>
> 静婷:除了认错,我真的不知道还能做什么了。因为我是妈妈,孩子没教好是我的错,我应该为这个事情负责的。
>
> 助人者:你认为孩子没教好是妈妈的错。(短句重述,提炼之前的内容,呈现来访者自责的模式)

> 静婷：是啊，是我能力不够才教不好孩子的，老师对所有孩子的要求是一样的，班里其他孩子能做到，就他做不到，老师才会找我谈话。我因为这个真的很难接受，也特别生孩子的气，为什么别人都能做到，就他做不到！
>
> 助人者：确实很难接受就自己的孩子不行。（短句重述，呈现让静婷最难受的点）
>
> 静婷：太难受了，孩子不行，说明我是很糟糕的。这么多年来，我一直非常努力，不要让人觉得我很糟糕，努力达到各种要求，现在感觉之前的努力都白费了。

短句重述可以和关键词重述交替使用，因为相对于长句总结，短句重述仍然在聚焦关键信息，但在句型和语言上更加灵活，给予助人者更多选择的空间。再者，部分来访者可能会觉得关键词重述缺乏回应性或对其不耐受，助人者可以根据自己的风格和来访者的偏好选择重述的类型。

长句总结

长句总结就是我们做阅读理解时，总结段落中心思想的动作。长句总结非常考验助人者整合信息的能力，值得注意的是，长句总结仍然呈现的是来访者表达的内容，并没有加入助人者自己的视角和理解，也并未建立信息之间的联系，这是长句总结不同于解释的地方。

> **示例**
>
> 根据上面关键词及短句重述中静婷的叙述，做长句总结。
>
> 助人者：老师打电话说孩子成绩更差了，让我们很气，为

> 什么自己就是教不好孩子，感觉自己犯了大错，之前的努力都白费了。（在这个长句总结中，助人者提炼了以上内容的中心思想，用简洁的语言描述来访者叙事的关键内容）

长句总结不宜用得太频繁，它更常用于某一主题结束时所进行的总结概括，为开启新主题起到承上启下的作用。长句总结还可以作为一节咨询的收尾。助人者可以通过逐字稿觉察自己使用各种短、中、长重述的比例，以及助人者的回应与来访者的表述内容的比例。

刻意练习 14　体验三种重述形式（小组讨论型刻意练习）

三人一组，挑取一段咨询录音或影视片段，每人对这段内容分别做关键词、短句、长句重述，并写下来，比较大家所做的重述的异同，分享自己进行重述的意图，总结自己更擅长及不擅长的重述类型。

刻意练习 15　重述风格觉察练习（自我督导型刻意练习）

根据以下问题进行自我觉察。

- 在进行重述时，你更倾向于使用来访者的语言还是自己的语言？
- 请觉察背后的原因，比如，如果更多地使用来访者的语言，那么是不是担心自己的表达不准确？如果更多地使用自己的语言，那么是不是在潜意识中认为来访者直接表达出来的内容不重要？
- 在用来访者的语言或自己的语言进行重述时，会不会有可能分别错过什么样的内容？

刻意练习 16　铁三角刻意练习

- 三人一组，每轮 30 分钟（其中角色扮演 15 分钟，讨论 15 分钟），一共三轮；
- 成员轮流扮演助人者、来访者和观察者。

助人者扮演要点。在倾听的基础上，来访者讲述五六句，助人者尝试用关键词重述或短句重述来回应来访者，仅在咨询结束时练习用一个长句重述来结束。进行角色扮演时，尽量避免来访者说了很长一大段话后，助人者再重述；助人者扮演者记得提醒自己，这是刻意练习，不要为了咨询的流畅而使用自己更熟悉的方式回应来访者，却没有练到关键词和短句重述。

来访者扮演要点。讲述一小段后做自然停顿，给予助人者扮演者用重述回应的机会。

观察者扮演要点。反馈在扮演中助人者进行重述点和来访者继续探索的方向之间的关系，讨论不同重述重点可能导向的咨询方向；在重述过程中，是否可以传递对来访者的理解。

刻意练习 17　逐字稿自我督导练习

请将刻意练习 16 的扮演内容或自己的某个咨询片段做成逐字稿，并反思和觉察自己重述时使用了哪种措辞，以及重述背后的意图。接下来，我们用静婷的逐字稿为大家提供参考（见表 7–1）。

第二部分　用本土化助人技术进行咨询会谈

表7-1　静婷案例的逐字稿

序号	来访者静婷	助人者	重述的措辞及背后的意图
1	我真的服了他了，每次都磨磨蹭蹭的，催一下动一下，我真怕有一天自己会被他气死！别人家像这么大的孩子不仅能主动完成作业，还能参加各种兴趣班。你再看看他，真的要把人逼疯了。看着，催着，催着，真的要把人逼疯了	你太希望他能自律一些了	短句重述，静婷借由具体的内容表达心情，此刻共情静婷所表达内容背后内在强烈的心理需求，即希望孩子可以自律学习，从而解决目前的心理困扰
2	是啊，他现在再这样下去可怎么行？！成绩在班里一直以来都是中等偏下，表扬榜从来没有他，我时不时就会收到老师的投诉。他那个学习态度真的很让人无语，现在竞争这么激烈，看到别人家的孩子都那么优秀，真不敢想他以后可怎么办	真的不敢想	关键词重述，静婷的整段话都在表达对儿子未来的担心，所以助人者从中提取出"不敢想"这个关键词，在共情静婷的担心的同时，也邀请静婷进一步表达自己担心背后的内容
3	对！我非常担心他以后考不上好大学，那将来拿什么和别人竞争呢？！现在找个好工作多不容易，大家的学历都很高，以他现在的状态，是没有什么竞争力的。要是我再不督促他，他以后怎么办啊，反过来怪我	原来你担心他长大后可能在未来会不够尽责，那么可能在未来会被孩子责怪，是这样的吗	短句重述，静婷关于对儿子未来的担心的表述中出现新的内容，即如果自己现在不够尽责，那么可能在未来会被孩子责怪，助人者用短句重述提炼出这个重点
4	是的，他现在还小，当然不懂得努力学习的重要性。但我自己是过来人，我知道如果他不好好学习，将来就会后悔的。到时候一切就太迟了。如果以后是那样，我以后怎么面对他	嗯嗯，你觉得你要负起这个责任来	短句重述，概括静婷在亲子关系中的责任感

089

续前表

序号	来访者静婷	助人者	重述的措辞及背后的意图
5	所以，前两天，老师反馈孩子最近的学习状态有问题，上课和同学讲话，作业没有及时做，学习也落下了不少。我当时真的根本找不得个地洞钻下去啊！我太失败了，他才上小学就落后了这么多，以后可怎么办？！我一想到这些头皮就会发麻	你觉得自己好失败呀	短句重述，划出静婷的本段表达中最深的感受——失败感，并把关注的焦点从对儿子的关心转到对自己的感受上
6	我很难不这么想！因为孩子都是在管他落后那么多，肯定是我的责任。虽然对于自己的付出问心无愧，但是如果孩子还是不够优秀，肯定也和我的能力有关，是我没有做好	在这样的情境下，你总会感到很自责	短句重述，共情静婷此刻的心情，在此类情景下对自我责难
7	是！我是会怪自己，也非常想知道，为什么别人家的孩子能那么自觉，那么厉害？会不会是他们的妈妈都比我优秀呢？我肯定是有做得不好的地方	你做得不够吗	关键词重述，用疑问的语气划出进一步探索的重点，即静婷自我否定的模式
8	是呀，否则我是没办法解释现在的状况的。虽然我也会怪孩子为什么不自觉，但是归根结底，问题还是在我这儿，是我还不够努力，或者我真的不是个好妈妈，我培养不出优秀的孩子	你的意思是你培养不出优秀的孩子，所以你不是好妈妈	短句重述，进一步概括静婷的亲子关系中的认知：只有培养出优秀的孩子，自己才可能是个好妈妈

本章难点

问：我常常会陷入急于进行重述的焦虑之中，怎么办？

答：这是新手常见的困扰之一。我们是否为了回应而进行回应？在急于进行回应时，把精力放在如何组织语言进行回复上，往往会失去与来访者同频的位置。重述的基础是倾听，在倾听和共情的基础上，重述的内容自然会浮现。这也是为什么我们鼓励更多使用关键字重述和短句重述，因为这样既能更好地贴近来访者，又能为助人者自己松绑。此外，助人者和来访者毕竟不是一个人，即使没有太理解来访者也是常态。我们鼓励尝试去理解和贴近的姿态，而不是期待准确理解的结果。

问：当来访者滔滔不绝地讲时，我该如何进行重述？

答：以来访者为中心，就是不能对来访者进行干预，所以也不能打断来访者的表达。这个迷思是不是也困扰着我们？

首先，先来分享来访者在讲话时不会主动停下的一些可能性。

- **情况1**：来访者无法忍受沉默，主动去填补咨询中空白的部分，避免尴尬和内疚。这样的来访者在人际关系中是过度负责或迎合模式，常常会表现为为人际关系感到内耗。助人者可借由对于人际模式部分相关信息的重述把来访者的议题回归到人际模式的探索中。

- **情况2**：来访者比较着急，促使来访者急切获得关于自己议题的答案。在合适的时机可以打断来访者，并说明自己打断的目的是为了更好地帮助来访者探索，并仔细核对来访者被打断时是否有不舒服的感受。

- **情况3**：来访者经常被自己杂乱的思绪淹没，叙述时也表现为想到哪儿就说到哪儿。此时，打断来访者的表达是有帮助的。助人者一路追着来访者的叙述狂奔，也不是真正的以来访者为中心，因为来访者的需求可能刚好是被引导或被打断，只是因为被淹没在杂乱的念头之中而无法停住。在这种情况下打断来访者，也是助人者主动参与到咨访关系中，负起自己的责任，展开合作的信号，这有助于建立稳固的咨访关系。如果没有及时有效的干预，就会让来访者对助人者感到很被动，有一种"付了钱没有拿到干货"的感觉。如果助人者难以打断过度表达的来访者，就可以做一些刻意练习，比如强迫自己在来访者表达五六句后做一个关键词重述或短句重述，以打破自己的惯性。

问：我感觉自己一直进行重述，似乎比较容易卡在一个点上无法深入，怎么办？

答：当你发现自己一直进行重述，有一种走到胡同尽头、无法继续深入的感受时，可以采用以下思路来克服。

- **善用重述，调整切入点走出困局**。我们发现在选择关键词重述时，不同的关键词可能会导向不同的咨询走向。比如，来访者这样表达："我在工作上感到非常挫败。我觉得我所做的努力都没有被领导和同事认可。我每天都觉得自己的工作没有成就感，我已经开始怀疑自己选择这份工作是否正确了。"助人者选择"工作挫败""努力未被认可""缺乏成就感""职业选择怀疑"这些关键词会导向不同的咨询方向。当一个方向难以深入时，也可以运用其他关键词进行邀请。具体的做法是，可以对来访者最后的表达进行重述和情感反应，然后回到另外一个切入点展开邀请。

- **与其他技术相结合，打开咨询的空间**。咨询中来访者反复使用同一批关键词，只使用重述会卡住时，可以把重述和其他技术相结合。比如，重述加提问的结合："你反复提到×××，这对你来说具有什么意义呢？"再如，重述和即时化的结合："当你说到×××时，为什么好像总皱着眉头？"通过这样的重述，可以将助人者想在这个议题下具体探索的方向更加明确化。

问：如果来访者对重述不耐受，反馈助人者只是在鹦鹉学舌，或助人者也觉得只做重述不够，这时该怎么办？

答：助人技术是一系列的技术集合，如果希望只使用重述就能够呈现精彩的咨询是不合理的，也是不现实的。在实践中，我们会结合使用多种助人技术，而重述的功能可以只在表明"我在听"，也许对来访者来说就够了。对于重述的刻意练习，我们确实会强调都只用重述来进行回应，背后的考量是刻意练习的目的——为了熟悉每项技术，体会每项技术使用的效果。就像做菜时会分别准备配料，如果因为切菜

> 的时候闻不到菜炒好的香味就不切菜（这又需要在日常练习刀工）了，那么最终也炒不出好吃的菜。刻意练习重述，也是在刻意练习放下对效果的追求。与来访者待在关系之中，让对话自然流动，就能达到重述刻意练习的效果了。

> ✦ **反思：方言在助人工作中的运用**
> - 在你所使用的方言中，地道的重述方式、用词是什么？
> - 尝试找一位和你说同样方言的伙伴，用方言进行一次重述的练习，两人轮流扮演助人者和来访者，分别体验用方言讲述、用方言重述的过程。

第 8 章

技术 4：提问

"来访者是自己议题的专家，助人者则是提问的专家。"

叙事疗法的这个视角，不仅展现了来访者对于自己议题的深刻理解，还强调了提问是助人者协助来访者自我探索和自我成长的重要工具。好的提问能帮助对方厘清思绪、梳理感受。来访者经常用诸如"思绪纷飞""心乱如麻"的词语形容自己内耗的状态，希望这些混乱的感受能够借由咨询的空间得到梳理。如果说重述是在来访者心中找到了这些交织错乱的线头，那么开放式提问就是助人者把这个线头扯出来的动作，开始与来访者一起整理空间。在整理这些线头的过程中，如果东扯一下西扯一下，那么可能就会让这些缠绕的线更加纠缠和错乱，让来访者有这样的反馈："助人者问了很多问题，但是似乎只是让我提供更多的信息。""我不仅不明白助人者问这些问题的意图，还发现助人者并没有真正帮助到我。"因此，我们通常会鼓励大家沿着找到的一根最明显的线一直探索下去，这样才能扯出一个线团，达到进一步探索、梳理的目的。

对提问技术的去殖民化思考

> 🖐 **克拉拉·E. 希尔的定义**
> 针对想法的开放式提问是指邀请来访者对其想法进行澄清和探索。①

希尔模型从形式上把提问分成了开放式提问和闭合式提问,主张以"如何""怎样""什么"等为要素的开放式提问不限制回答范围,起到促进来访者思考、深入展开、邀请自由表达的作用(比如,"一想到×××,你的脑海中会浮现出什么想法""你这么说是什么意思"),而以"是不是""是否"为要素的闭合式提问,会让来访者仅进行简短的肯定或否定,限制对话的进一步深入展开。因此,希尔模型强调,提问时要用开放式提问而不是闭合式提问。

然而,在我国强调尊重甚至服从权威的本土文化中,来自"权威"的直接提问,不论是开放式提问还是闭合式提问,都有可能给被提问的来访者造成一种潜在的压力,即,这个问题是有标准答案的,如果给出的回答不符合权威者的期待,就可能是对提问者的冒犯(就像在语文考试中,哪怕是一道开放性的阅读理解提问,也有标准的回答方式及要点)。在我国本土文化中,开放式提问常用于批评、审问的场景,比如:"你是怎么想的?""你是怎么回事?"因此,开放式提问这个形式本身就可能触发本土来访者被批评的伤痛。此外,哪怕提问的助人者是真诚地想通过开放式提问邀请来访者自由表达,如果来访者成长、生活于需要提供标准答案的文化环境,猛然收到自由表

---

① 希尔在书中有针对想法、感受和领悟的提问,此处只摘取了对想法的提问的定义。

达的邀请,也可能会感到不知所措,不知道要如何回答。我们还发现,在本土文化中,闭合式提问有时也会让来访者感到被关切、被照顾,比如:"我不知道我这样说,有没有让你感到不舒服?""你现在还好吗?"尽管这种和来访者核对状态的提问是闭合式的,但能表达关切、拉近关系,传递助人者作为一个有温度的人对另一个人的在乎,让来访者感到安心。以静婷为例,在第二次咨询中,静婷向助人者讲述自己跟父母抱怨,老公以工作太累为由几乎不参与育儿时,父母的反应。

> **示例**
>
> 静婷:我爸妈也劝我,别太计较了,谁家不是在这样过呢?
> 开放式提问回应:哦?听到你爸妈的话,你是什么反应?
> 闭合式提问回应:听到这些,是不是感觉更无力了?

上述案例中的开放式提问可能会让一部分本土来访者觉得助人者是在明知故问,或者产生类似"我知道你有什么感受,但就是不直接跟你说"的感觉,反而拉远了双方的距离;相反,闭合式提问则能传递出助人者在努力共情来访者的感受,哪怕共情的情绪不太准确,这种关切的态度也能拉近彼此的距离。与形式相比,更重要的是助人者提问的语境、语气、表情和态度。同一个开放式提问,如果结合不同的态度,就可以产生非常不同的效果。比如,同样的一句"你这道题是怎么做的",用好奇的语气、严厉的语气、惊喜的语气传递出的信息显然是不一样的。由此可见,基于我国本土化文化、语言的特色,开放式提问和闭合式提问的形式本身,并不会产生绝对的开放或封闭的效果。

另外,希尔模型在提问时,多是单刀直入地直接使用祈使句或直接提问，也不太适合我国本土文化更加委婉、更注重铺垫和起承转合的表达方式；相反，在提问前先铺垫重述、情感反应、情感表露或即时化等技术，则更符合本土来访者的语言习惯。同时，不同的来访者对于同一个提问，也会因成长、文化、教育背景的不同而产生非常不同的感受。助人者应该结合倾听、共情两章的内容，梳理自己和来访者的倾听、沟通框架，关注什么样的提问方式对于眼前这个独特的来访者是最有效的。只要对来访者来说，能达到进一步探索、梳理的目的，哪怕是一个眼神或一个重述，也是一个好的提问，不用拘泥于固定的形式。

对提问的本土化视角重构

> ★ **本土化视角重构后的定义**
>
> 提问指助人者带着对提问意图的觉察，使用适合来访者的方式，邀请来访者对自己的想法、情绪及身体感受、行为等进行更深入的探索和梳理的过程。

提问的种类

通过重述来提问

要起到邀请来访者进一步阐述、梳理的作用，不一定非要直接提问，还可以使用陈述或用好奇的语气复述来访者表述中的一些关键词。

比如，静婷说："平时一直忙孩子的事，还要做家务、做饭，两边父母有事也是我去处理。好不容易周末了让他陪儿子玩一会儿，他一觉睡到 10 点才醒，一脸不耐烦地说他上班累，什么事都不愿意做，口头禅就是'我不会啊，他也不听我的'。问他关于孩子的事，就甩一句'你决定就行了'。有时还嫌儿子太吵了，说我'你班都不用上了，怎么连个孩子都管不好，都吵到我休息了'。"

听到静婷的这段叙述，如果助人者先倾听自己的反应，可能会为来访者感到愤怒，这时如果立刻去提问，那么无论是采取开放式提问还是闭合式提问，都可能一不小心变成质问，比如："你不会觉得很生气吗？""你是怎么忍过来的？"这很容易让静婷有一种被责难的感觉，让她觉得似乎是因为自己懦弱才导致如此的境地。如果助人者只是从来访者表达中提取出一个最能打动自己的词（比如，"不耐烦"）或一小句话（比如，"什么也不愿意做""嫌儿子太吵""班都不用上，连个孩子也管不好"）等进行重述，就能在给助人者缓解强烈情绪的空间的同时，还能直接邀请她再展开多说说。

如果助人者想邀请来访者进一步探索当下的情绪感受，那么可以试探性地说出自己体会到的来访者的情绪状态，即下一章讲的情感反应。延用上文静婷的例子，助人者可以说："听上去好委屈啊！""感觉真的要炸了！""真的太让人伤心了！"这些表达既传递了助人者在努力共情来访者的态度，又在邀请来访者核对自己当下的情绪是委屈、气愤、伤心还是其他什么。如果在同样的情境下，助人者只是问"老公这么说的时候，你的感受如何"，反而可能给人一种冷冰冰甚至戳人痛点的感觉。

通过非言语信息来提问

表达好奇的非言语信息包括身体前倾、目光专注、点头微笑、邀请的手势、适当的沉默、一个疑惑的神情，或者一个表示疑问的"啊"语气词，都是在邀请来访者"可以多说一些吗"。

对于上文静婷的讲述，也可以用非言语信息进行回应，比如助人者前倾的身体、关切的眼神、皱眉、深吸一口气，都表达了一种带着关切的不解，类似于"真的太难了，你可以多说说吗"，或"感觉你太不容易了，你会不会感到身心俱疲啊"。在这个情景中的非言语行为具有留白的效果，助人者既深度回应了来访者，又没有打断来访者，反而给来访者留出了自己解读的空间。

直接提问

鉴于直接提问可能会唤起本土来访者的被审问感，可以在提问前结合其他助人技术进行一些铺垫，更符合本土文化委婉表达的语言风格。

关键词重述或情感反应 + 提问

在提问前先通过简短的重述或情感反应向来访者传达"我在认真听"的态度，减少单刀直入的提问带来的审问感，也能对来访者探索的具体方向做更明确的定位。

> **示例**
>
> 在静婷的例子中，直接问"你是怎么忍过来的"会带有浓浓的质疑味道。在下面的例子中，先用重述和情感做铺垫再提问，无论是开放式提问还是闭合式提问都变得更有温度，也更关注静婷本身的资源和力量。

- 你为家庭付出了这么多却都没被看见，会觉得委屈吗？
- 听到"你决定就行了"，会不会感到很无力？
- 你真的很辛苦，你是怎么挺过来的？
- 你好像真的很无奈，是什么让你撑到现在的？

即时化 + 提问

在提问前先即时化地呈现助人者对于咨询进行到此时此刻的一些观察，让来访者感受到自己被细致地关照着的同时，也向其传递了助人者提问的意图，让提问变得更流畅，也让来访者更聚焦于自我探索。

示例

- 静婷，我听到你说这一段时还挺平静的，很想知道你的身体现在有什么感觉？
- 在你说到他嫌孩子吵的时候，我听到你的声音中带着颤抖，想问问你对于现状是不是感到愤怒和无奈？

情感表露 + 提问

情感表露展现了助人者也是一个有血有肉的人，而不是一块白板或是一台提问机器，有助于直接传递共情，拉进与来访者的距离。在这样背景下的提问，更容易让来访者感到问题本身是有温度的，是带着对来访者的关切的。同时，当助人者坦诚地承认并表露自己的情绪时，也减少了带着情绪提问的可能性。

> **示例**
> - 好心酸啊，你是怎么走过来的呢？
> - 刚刚听你说的时候，我感觉到自己的胸口很闷，你的身体现在有什么反应呢？
> - 我听到后第一反应是"这怎么能忍啊"，所以很好奇你这一路走来的经历是怎么样的呢？

透明化 + 提问

在提问前直接坦诚地跟来访者分享提问的意图，也能有效地降低提问可能会给来访者带来的压力。比如，在初筛、初始访谈时需要对所有来访者做基本的自杀危机评估，可以在提问前做一个透明化的意图说明："下面这些问题，我是会询问每一个来访者的，这能帮助我了解你是否有危机状况，你只需要回答'是'或'否'就可以了。你曾经想过自杀吗？"在静婷的示例中，也可以采用透明化 + 提问，比如："女性为家庭的付出和牺牲往往被认为是理所当然的，这部分的辛苦是不允许被讲述的，你是否有机会和别人诉说这些辛苦？"

在咨询过程中，如果助人者预料到某个问题可能会让来访者感到压力或疑惑，那么也可以先透明地分享意图，比如："我想问你并和你讨论一些可能会让我们彼此感到有些尴尬但又很有必要的问题——我发现你连续两次忘记付费了，如果这个忘记的行为在表达一些你不方便直接说出的话，它可能在说什么？"再如："我们做了这么长时间的咨询，还是第一次听到你谈亲密关系，很好奇你在这背后经历了怎样的过程？"

提问的对象

提问的对象既可以针对咨询内容，又可以针对咨询过程。

针对咨询内容的提问

咨询内容指来访者在咨询室中对助人者讲述自己在咨询师外所经历的内容（比如，自己的困扰、童年经历、感受、想法、将来的计划等），往往围绕着来访者希望在咨询中解决的核心问题。咨询内容是助人者比较容易关注并进行提问的对象，可将其细分为经历、想法、感受、身体和行动这五个维度。

针对经历提问

> **示例**
> - 静婷，你们双方的父母是否参与到了育儿过程中？
> - 你跟老公现在的关系如何？

针对想法提问

针对想法的提问，即针对来访者认知的提问，包括来访者对事件、议题的理解、看法、观点、价值观。

> **示例**
> - 听到你老公这么说的时候，你有什么样的反应？

针对情绪或身体感受提问

关注来访者在过去经历中的情绪或身体感受。

> **示例**
> - 你这样一周忙下来,身体有什么感觉?
> - 周末结束的时候,你快累晕了吧?
> - 听到你老公说嫌儿子吵,你会生气吗?

针对行为提问

关注来访者的应对策略、行为。

> **示例**
> - 静婷,在这么不容易的状况下,你是如何把孩子养到这么大的?
> - 对于目前的状况,你最希望有什么样的改变?

针对咨询过程的提问

如果说咨询内容涉及来访者对助人者讲了什么,那么咨询过程则关注来访者是如何讲述这些内容的。比如,来访者讲述时的语调、语速、神情等非言语信号,在向助人者分享时当下的体验,听到助人者的提问或反馈时的感受,对助人者的整体感受,以及对整节咨询的感受。咨询内容多涉及来访者在过去生活中的经历、体验或对未来的畅想,咨询过程则聚焦来访者此时此刻在咨询室中的体验。

沿用上文静婷的示例,当提问的切入点从咨询内容转向咨询过程时,谈话的焦点也从彼时彼刻转换到咨询室中的此时此刻。

> **示例**
> - 你在和我讲这段经历时，身体有什么样的感受？
> - 在我听你讲这段经历时非常生气。当你听到我说我很生气时，你有什么反应？
> - 静婷，今天我们谈论了很多，你会好奇同样身为女性的我听到后的感受吗？

刻意练习 18　不同维度的提问

找到一段来访者独白，可以出自任何文艺作品、书籍、影视等。根据作者的表达，借助下文列出的维度，进行提问练习。

我的孩子死了，我们的孩子——现在这个世界上，我除了你之外再也没有一个好爱的人了。但是对我来说你又是谁？你，你从来没有认出我，你从我身边走过像是从一条河边走过，你踩在我身上如同踩着一块石头，你总是走啊，不停地走，却让我在等待中消磨一生。

……………

亲爱的，听着，我求你……这是我对你的第一个，也是最后一个请求……请你做件让我高兴的事，你每逢生日——生日是一个想起自己的日子——都买些白玫瑰来供在花瓶里。请你这样做，亲爱的，请你这样做吧，像别人一年一度为亲爱的亡灵做次弥撒一样。我可不再相信上帝了，我只相信你，我只爱你，我只想继续活在你的心里……啊，一年只要一天，悄悄地、悄悄地继续活在你的心里，就像过去我曾经活在你的身边一样……我求你这样去做，亲爱的，这是我对你的第一个请求，也是最后一个……我感谢你……我爱你，我爱你……永别了……

    摘自《一个陌生女人的来信》[①]，斯蒂芬·茨威格

内容维度

经历：_____

想法：_____

情感或身体感受：_____

行为：_____

过程维度

此时此刻的想法：_____

此时此刻的身体感受：_____

此时此刻的情绪：_____

此时此刻对助人者或咨访关系的体验：_____

刻意练习 19   不同形式的提问

  从上面的维度中选取 1~2 个维度，对每个维度进行以下 6 种形式的提问。

  用重述提问：_____

  用非言语提问：_____

  重述＋提问：_____

  情感反应＋提问：_____

  即时化＋提问：_____

  透明化＋提问：_____

---

① 译文援引自上海译文出版社 2016 年的版本。

刻意练习 20　逐字稿自我督导练习

用表 8-1 做一份 5~10 分钟咨询的逐字稿，反思自己提问的种类、对象和意图。

表 8-1　　　　　　　　　自我督导练习表

序号	来访者	助人者	提问的种类	提问的对象	提问的意图

刻意练习 21　铁三角刻意练习

- 三人一组，每轮 30 分钟（其中角色扮演 15 分钟，讨论 15 分钟），一共三轮；
- 成员轮流扮演助人者、来访者和观察者；

助人者扮演要点。在扮演环节中，助人者综合使用前面学过的倾听和重述，在自己认为合适的时机使用提问的技术，并刻意尝试在提问前做不同的铺垫，以及用非言语和重述进行提问；在讨论环节，助人者分享自己使用提问技术的感受，以及使用不同提问的意图和考量。

来访者扮演要点。在扮演环节中，扮演者讲述自己的议题，根据助人者呈现的提问自然推进自己探索的方向；在讨论环节，可以分享不同的提问给自己带来的感受，比如，是否有被审问的感觉、提问是否能够促进自己更好地探索，等等。

观察者扮演要点。观察者提供助人者和来访者提问技术使用的互动过程的反馈，识别助人者提问的种类（用重述提问、非言语行为，以及与其他技术合并使用）、对象（经历、想法、行为、身体、情绪、过程），并反馈自己观察到的不同提问所带来的咨询效果。

本章难点

问：当来访者不知道如何回应我时，我可以怎么办？

答：要想解决这个问题，我们需要先了解来访者为什么会不知道如何回应助人者。这通常有两种情况。

情况 1：来访者不习惯回答提问

解决方案：提供选项或使用闭合式提问。

来访者不回答助人者的提问，并不一定代表其不愿意回答或所谓的"有阻抗"，还可能是因为不习惯回答没有任何抓手的提问，以及提问所涉及的内容不属于平时会涉及的范围。比如，助人者如果问一个生活中各项大事都被他人安排得明明白白的来访者"你想要什么样的生活"，那么来访者很可能无法回答。对此，助人者可以把这个范围涵盖广泛的开放式问题变成具体的闭合式问题："你有没有想过结束这段婚姻或换一份工作？"

如果直接问不习惯谈感受的来访者"听到他这么说，你有什么感觉"，那么来访者可能会说"也没什么特别的感觉"。这时不妨试试把回答的难度从"从零开始命名情绪"降到"从 ABC 中做选择"，比如："听到他人指责自己时，我们可能会愤怒、羞愧或伤心，不知道你当时是什么样的心情。"

情况2：提问太抽象或刻板

解决方案：找到更亲和的表达方式，通过比喻、举例等让问题更接地气。

我们以和青少年工作为例，助人者如果使用超出其认知发展水平的抽象语言，就会让回答变得困难。比如，"你焦虑的时候有哪些表现"就比较抽象、刻板，可以将其具体化为"你焦虑的时候身体有哪些反应？比如，心跳会加速吗？手心会冒汗吗"，还可以换一种更容易被对方理解的语言，比如"你是如何知道自己焦虑的"。

助人者还可能会在提问中不经意地使用咨询术语，比如："你对我们的设置有什么疑问吗？"这些术语在助人者看来是常识或行业内部的基本共识，但对于没有助人受训背景的来访者来说，可能会有一种听"外语"的陌生感。这时需要助人者把相关术语转换成来访者能听得懂的语言，比如："我们目前每周一次的见面频率你觉得合适吗？"

问：我不知道如何对来访者提问可以让咨询逐步深入，怎么办？

答：当助人者的提问过多关注细节、或仅因为自己好奇而发问时，提问就会显得散乱，也达不到推进谈话的效果。助人者需要培养带着清晰的意图提问的习惯，让谈话在提问的引领下，沿着助人者与来访者达成的咨询目标推进。

在每节咨询前，助人者可以思考希望这节咨询集中探索哪个方面？这节咨询在整个疗程中处于什么样的位置？然后，再结合自己的流派所关注的重点来确认提问的意图。比如，咨询早期的主要任务为建立咨访联盟、确定咨询目标、形成初步的个案概念化，提问可以集中在和来访者一起梳理、澄清咨询目标，以及搜集必要的背景信息上。咨询进入深入探索某个议题的阶段时，助人者的提问往往结合了流派所关注的重点（比如，认知行为疗法会试图找出引发来访者产生不良情绪的信念，聚焦流派更关注来访者的体验，人际互动流派则关注来访者的人际模式）。当咨询进入启发领悟、带来改变的阶段时，提问可以用来帮助来访者梳理现有的资源、策略，找到可以改变和调整的空间，并用提问促进来访者把新的策略付诸行动，在生活中进行实践和检验。当咨询进入收尾阶段时，提问则可以起到回顾、总结咨询收获和遗憾的作用。

> ❖ **反思：方言在助人工作中的运用**
>
> - 仔细体会自己所在地区方言的提问方式，对于经历、想法、行为、身体、情绪、过程分别是如何提问的？是否会在提问前进行重述或情感反应等铺垫？有没有不同于普通话的提问表达形式？
> - 在自己的方言或地方文化中，有哪些方式能让提问变得更有温度？

第 9 章

技术 5：情感反应

是情感反映还是情感反应

希尔助人技术模型用"reflection of feelings"来命名本技术，翻译成中文，是"情感反映"还是"情感反应"一直存在着争议。"reflection"一词的本意是"映射"，自体心理学中的"镜映"（mirroring）技术就是典型的映射，强调助人者要像镜子一般，如实地、不带评价地映射出来访者的样子，让来访者被看见，也在他人的眼睛中看到自己。文艺复兴时期，在欧洲兴起的古典主义写实油画，在透视学、解剖学的基础上真实准确地再现所画对象的原貌，也是一种映射。

而"反应"一词对应的英文是"reaction"，更加关系取向，强调助人者是一个鲜活的人，强调人与人之间的互动，女性主义疗法中的"见证"就是如此。相较于"映射"强调的像镜子一样如实反射，"见证"强调一个鲜活个体对另一个鲜活个体的看见，鼓励个体尽量不带评价地去看见对方，同时也承认见证者作为鲜活的个体，无法完全不带任何预设或立场。这就像哪怕用同焦段的镜头拍同一个对象，不同品牌的镜头在色差、锐度、饱和度上的表现也会存在很大的区别，就像是同为古典主义写实派大师，达·芬奇的画有一种朦胧美，拉斐尔的画则是审慎而细致。

相较于西方文化在独立我和身心二元视角下发展出来的对理性、客观的看重，我国的文化更多采用互依我视角，讲人情世故，重人与人之间的关系。同时，毕竟助人者是人而不是镜子，无法完全跳出自己的成长经历和文化框架在真空的状态理解来访者，而映射在本质上也是一种反应，因此本书对此技术重新命名为"情感反应"。①

对情感反应技术的去殖民化思考

> **克拉拉·E. 希尔的定义**
>
> 情感反映②是重复或重述来访者的陈述，包括明确指出情感。这种情感可能是来访者曾经说过的（使用相同或相近的词），或者是助人者根据来访者非言语行为、背景或来访者信息的内容所做的推论。反映可以用试探性的句式或肯定的句式来表达。

希尔模型下的情感反映技术，继承了西方文化不隐藏情绪、直白表达、擅长用词汇为情绪清晰命名的传统。而中国文化在用言语词汇表达情绪时则更含蓄。比如，英文中很难找到准确表达"委屈"的说法，如果把"委屈"翻译成"I feel wronged"（我感觉被冤枉了），那么只能传达出"委屈"一半的意思——受到不公正对待的部分，但对

---

① 在引用文献时，本书仍保留这个词在文献中的用法。因此，"情感反映"和"情感反应"这两种说法都会在本章中出现。

② 此处保留希尔著作《助人技术：探索、领悟、行动三阶段模式（第3版）》中的译文。

于这种被冤枉后只能憋在心里难受却说不出来的感受则无法传达出来，因为在西方文化直白表达情绪的传统下，这种"难言之隐"的体验相对较少。有趣的是，虽然我们的传统文化不鼓励用过于直白的言语直接表达情绪，却有非常精彩的形容这种"有苦难言"的词汇，比如"哑巴吃黄连，有苦说不出"。

我国文化擅长用比喻、留白，把不方便"说破"的内容传递出去。相较于习惯把"我爱你"挂在嘴边的西方人，我们的文化表达关心、爱意的方式则是"你饿不饿，我煮碗面给你吃"。同样是表达思念之情，在西方语境下，美国作曲家约翰·庞德·奥特威（John Pond Ordway）创作的《梦见家和母亲》（*Dreaming of Home and Mother*），歌词如下：

> 梦见了家，亲爱的老家！
> 我儿时的家，和母亲；
> 常常当我醒来，甜蜜的发现，
> 我一直在梦见家和母亲；
> 家，亲爱的家，儿时快乐的家，
> 当我和姐姐、弟弟一起玩耍，
> 我们一起漫游时，那是最甜蜜的快乐，
> 在山坡上，在母亲的陪伴下穿越山谷。

而在东方语境下，同样是约翰·庞德·奥特威这首作曲，经由李叔同填词并对曲谱稍加改编后，变为脍炙人口的《送别》，歌词是：

> 长亭外，古道边，芳草碧连天。
> 晚风拂柳笛声残，夕阳山外山。
> 天之涯，地之角，知交半零落。

一壶浊酒尽余欢，今宵别梦寒。

李叔同的这首词，句句不提离别，却诉尽了离别的万般情愫。以上两种语境，精妙地展现了中西方文化对情绪表达的差异，这种差异也体现在西方油画写实、我国水墨画写意的区别上——风格不同，但没有孰优孰劣之分。因此，我们并不是主张不能直接用词汇进行情感反应，而是不要只用这种方式，同时还要使用本土的情绪词汇，而不是英译中的词汇。

对情感反应的本土化视角重构

> **本土化视角重构后的定义**
> 情感反应指助人者作为一个鲜活的人，为来访者说出口或未说出口的情感进行映照、见证和反应的过程。

不同方式的情感反应会起到不同的效果，以下以示范案例中的静婷为例，进行示范和阐述。静婷案例第三次咨询背景提示如下：

在静婷走进咨询室坐下后，她面露难色，先深吸一口气，然后支支吾吾地向助人者说了句"老师好……"，再没有继续说什么。

用本土化的情绪词汇进行情感反应

优势如下：

- 标识和澄清情感；

- 助人者试探性地为来访者的情绪命名，来访者获得梳理情绪体验的机会，对自己的情绪有掌控感。

> **示例**
>
> - 你似乎想说什么又不太好意思，是吗？
> - 感觉你此刻心情有点纠结，是吗？
> - 你好像有些顾虑，是吗？
> - 你好像在犹豫些什么，是吗？

以上回应既属于情感反应，又属于闭合式提问。在类似情境中，如果助人者只是做一个西方心理咨询中常用的针对情感的开放式提问，比如，"可以说说你现在有什么样的感受吗"，静婷就很可能会回应"没什么"。因为在我们的文化中，不太主张把让人难为情的情绪说破，就算要说破，也需要是权力高位者给出允许。助人者用闭合式提问进行情感反应，就是在向来访者传递"你在这里可以讲述你的难言之隐"的信息。

描述身体感受来进行情感反应

优势如下：

- 身体可以直接体验到情绪，助人者用身体感受来描述，也是在示范对身体感受的信任，这种信任可以通过描述的过程传达给来访者；
- 因为没有直接进行情绪命名，所以能最大限度保留情绪体验的原汁原味，为情绪体验进一步发展、变化留出了空间；

- 协助来访者更加深入地联结自己的情绪体验，或推进情感体验；
- 身体的感受是此时此刻的，协助来访者在被情绪淹没时扎根，回到当下。

> **示例**
> - 好像有点闷，需要多吸几口气才能说出话来？
> - 似乎胸口有点堵，想说的话被卡在喉咙里？
> - 感觉你好像想对我说一些什么，但又把话咽回去了？
> - （*指着自己的喉咙，对来访者说*）是这里有种堵住的感觉吗？

用意象和比喻进行情感反应

优势如下。

- 相比单纯使用情绪词汇，意象和比喻对情感的描绘更加丰满。
- 能带领来访者进一步深入情绪情感。
- 对于不习惯直接表达情感的群体，直接用情绪词汇进行反应可能会被否认；对于比喻或意象，来访者则会更倾向去调整其中的细节，参与度更高。

> **示例**
> 　　上文对于助人者说自己"不太好意思"的情感反应，静婷可能会否认说"也没有"；但如果助人者将说法换成"似乎有一张无形的封条把你的嘴封住了"，静婷就可能会澄清说"更像是声

带被静音了，却找不到遥控器在哪儿"。

比喻、意象能展现出个体对于同一种情绪的个性差异化体验。比如，同样是这种"想说的话被卡在喉咙"的感觉，另一个来访者的意象可能就会变成"似乎眼前有一盏很亮的红灯，警告我不能说"。

意象本身具有变化、流动性，便于助人者随着来访者体验的变化而改变，并跟随着变化的意象去进一步描述。比如，在静婷做好准备开口讲述后，助人者就可以进一步回应"终于找到遥控器了，可以解除静音了"。

注意，中文中很多情绪词汇自带身体和比喻元素，使用这些词汇进行情感反应本身就是在用身体感受和比喻进行反应。比如，对静婷的回应还可以是"好像欲言又止，有一种如鲠在喉的感觉"。

用非言语回应进行情感反应

优势如下。

- 助人者模仿来访者的肢体语言，以肢体镜映的方式对来访者的肢体语言进行情感反应，可以传达情感同频同在的状态。比如，来访者抿抿嘴，助人者也镜映般地抿抿嘴。
- 来访者身体前倾，助人者也跟着身体前倾。
- 助人者在倾听时，助人者和来访者保持类似的呼吸频率、深度。
- 在线上工作或提供语音服务时，助人者可以在语速、声调上与来访者匹配。

助人技术本土化的刻意练习

> **示例**
> - 静婷面露难色,助人者也跟着面露难色。
> - 静婷深吸了一口气,助人者也深吸了一口气。
> - 助人者摸一摸喉咙的部位,关切地看着静婷。
> - 助人者捂住胸口,跟着静婷的呼吸节奏。

用留白进行情感反应

优势如下。

- 当来访者的情感比较复杂时,过早的回应或过多的言语描述可能会打断来访者的情感体验。助人者可以通过留白的方式,不去描述或定义,把空间留给来访者。
- 当助人者和来访者在此时此刻联结,一起待在这个体验里时,反而有助于维持甚至增加情感的饱满度和张力。比如,助人者在看到静婷没有继续说下去时,什么也没说、什么也都不做,只是关切地看着静婷,静静地等待。
- 对于一些容易让人感到难为情甚至羞耻的情绪(比如,来访者谈到性体验相关的感受),或者来访者对表露脆弱情绪有羞耻感时,助人者适当地留白、不说破,也是把是否进一步探索这部分体验、如何描述这部分体验的主动权交回到来访者的手中。比如,静婷之所以会吞吞吐吐,很可能是因为她想分享的内容让她感到羞耻,这时助人者只需静静地等待,让静婷有空间去梳理、消化这份羞耻,做好讲述的准备。

刻意练习 22　熟悉不同的情感反应方式（自我督导型的刻意练习）

如上文所示，选取咨询中的一个有一定情绪张力的片段，分别用以上五种方式进行情感反应，并体会不同方式的情感反应在效果上的异同，再猜想对于这五种情感反应，来访者可能各有怎样的反应。这个练习有助于助人者进一步熟悉不同方式的情感反应，并发掘自己擅长与不擅长的方式，从而使得助人者在后面使用擅长的方式时更有信心和确定感，也可以有针对性地练习不太擅长的方式。之后再猜想来访者对于每种情感反应的体验，能帮助助人者体会来访者更容易接受哪种方式的情感反应，对哪种情感反应更陌生。

刻意练习 23　逐字稿自我督导练习

选取一段在咨询当下不太知道如何回应的咨询录音或逐字稿，体会来访者每一段叙述背后的情绪，并练习用情感反应进行回应。如果是使用咨询录音，就在来访者讲述后，按下暂停键，进行情感反应的练习，然后继续播放录音；等来访者进行下一段讲述后，再次按下暂停键，进行情感反应的练习，循环往复。如果是使用逐字稿，就在表9-1 中的最右列写下对来访者这一段叙述的情感反应。

这个练习训练助人者关注咨询过程，即把倾听和关注的焦点从来访者叙述的内容转向叙述的状态、方式，以及言语背后未直接表达的部分，在咨询遇到挑战、不知如何回应时，去体会来访者当下的情绪，能帮助助人者进一步理解来访者，从而找到恰当回应的角度。

示例

再回到本章前文关于静婷的案例。助人者与静婷接下来的咨询对话逐字稿列在表9–1中,请你在"情感反应"这一列中,在"你的反应"之后的空白处写下你的情感反应,再参考我们给出的情感反应示例。

表 9–1　　　　　　　　情感反应练习

序号	来访者(静婷)	情感反应
1	我觉得咨询帮助不大,这已经第三次了,问题好像还是没有解决,不知道有没有继续做下去的必要。(停顿几秒后)老师,我并没有说你能力不够的意思,但今天确实有点不想来了	你的反应:_____ _____ _____ 参考示例:你很想说咨询没有用,但好像又担心这么说会让我难堪 (用情绪词汇对来访者未说出口的情感进行情感反应)
2	我住得挺远的,来一趟要倒两次地铁,单程至少一个小时。这么折腾一趟,半天的时间就没了。回家后还有一堆事情要做,并且要赶在三点半放学前去接孩子。而且咨询的费用也不低,花了这么多钱,还不如给孩子再报一个英语课外班	你的反应:_____ _____ _____ 参考示例:来咨询很折腾,让你的身体很累,当身体感到非常疲惫的时候,你心里难免会琢磨,这样折腾值不值得呢?把钱花在孩子身上是不是更好呢(用身体感受进行情感反应)

续前表

序号	来访者（静婷）	情感反应
3	我们也不是缺这个钱，但毕竟是老公在挣钱，花着他的钱讲他的坏话总是让我觉得不太对劲。有时我也在想，我要是没有辞职，自己有一份收入，花起来会不会更轻松呢？不过，好像也不一定，那样一来孩子又没人带了，就算公婆来帮忙，我也不可能完全做甩手掌柜	你的反应：_____ _____ _____ _____ 参考示例：你像是站在一个十字路口，受到好几个方向的拉扯，左右为难（用意象进行情感反应）
4	唉，但自己带吧，又一肚子的火	你的反应：_____ _____ _____ 参考示例：（助人者感受到了静婷叙述到这种情绪从一个比较有张力的状态经过表达后，落到一个张力较小但相对无力的状态，决定采用留白回应，给来访者一些空间，同时也陪伴静婷感受这份无力感）

刻意练习 24　用电影、小说片段练习（小组讨论型的刻意练习）

选取电影、小说的片段，组员分别写下对于该片段的五种方式的情感反应，再相互分享自己的回应，品味组员之间在用词、切入点、语言风格上的异同。情感反应没有标准答案，在小组内进行刻意练习的目的，就是让助人者走出自己的情感反应舒适区，了解和学习不同风格、不同方式的情感反应，以应对不同需求的来访者。

> **示例**
>
> 在电影《无间道Ⅲ》的末尾，已经失声的刘建明坐在轮椅上，前妻来看望他，告诉他孩子会叫爸爸了。刘建明望着前妻，敲出了三个字母的摩斯码：h、e、l。这三个字母既可解读为带着爱意问候的"hello"（你好），还可以解读为无法摆脱无止境折磨的"hell"（地狱），抑或是求助的"help"（帮助）。
>
> （你可以把自己的回应写在组员1的空白处）
>
> **情绪词**
>
> 组员1：_____
>
> 组员2：此刻你似乎既充满希望又绝望，既想寻求帮助又不忍再打扰前妻的生活。
>
> 组员3：此刻你百感交集却又深受折磨。
>
> **身体的感觉**
>
> 组员1：_____
>
> 组员2：你在此刻是不是感到眼眶发热，心却在受煎熬？
>
> 组员3：你看起来似乎很平静，但眼泪好像涌到眼眶了，手指也因此微微颤抖。
>
> 组员4：你的心好像揪成了一团，是吗？

意象和比喻

组员1：_____

组员2：你像是被困在一个囚室里，一方面你渴望通过敲击这个小小的窗口，给前妻传递重要的信息；另一方面你又很害怕你递出的信息像一把黑手，把她和孩子从平静的生活中一起拽到这暗无天日的深渊里。

组员3：你像是在一个孤岛上，抬头看去，四方空间里好像是广阔的，但好像自己又什么都做不了。

组员4：你仿佛在黑暗中终于看到了光亮，但又不敢走进去。

非言语反应

组员1：_____

组员2：助人者匹配刘建明的坐姿、呼吸节奏。

组员3：助人者用手敲击着同样的节律。

留白

组员1：_____

组员2：助人者看着刘建明的手，没有说话。

组员3：助人者看着刘建明，就这样默默地陪着。

刻意练习25　生活场景中的刻意练习

情感反应在生活中也有很多用武之地，助人者可以运用生活场景进行情感反应的刻意练习。在生活中练习情感反应的好处是，生活场

助人技术本土化的刻意练习

景需要非常口语化的表达,助人者可以因此习得更自然、更家常的表达方式。同时,在和身边人的沟通中使用情感反应,也能促进我们对身边家人、朋友的理解。在生活中进行情感反应的对象可以是失恋的好友、唠家常的父母、放学回家急于分享学校经历的孩子、在事业上遇到瓶颈的伴侣、有人际冲突困扰的朋友等。

> **示例**
>
> 孩子:妈妈,妈妈,今天发生了两件事,一件好的,一件坏的,你想要先听哪件?
>
> 妈妈:你已经迫不及待(情绪词)地想要和我分享啦!
>
> 孩子:对啊对啊!今天我们班老师请假没有来上课。她本来是要教我们做一个很好玩的手工,我们把工具都准备好了,但是今天她家里有事没来,我们就做不了了(撇嘴)。
>
> 妈妈:(撇嘴)嗯,真的好可惜啊,像皮球泄了气一样(非言语+比喻)!
>
> 孩子:就是啊!我本来也很泄气,但是后来这节课改成了户外活动课,代课老师把我们分成两个队让我们拔河。我们那个队可厉害了,我也把所有力气都用上了,你猜后来怎么了?
>
> 妈妈:那一定是使劲地抓着绳子,全身的力气都往一处使,憋足了气、涨红了脸用力往后拉那样的(身体的感觉)。
>
> 孩子:(跳起来)耶!我们当时就是这样的,最后我们赢了!妈妈,我们厉不厉害?
>
> 妈妈:[一边鼓掌,一边跳了起来(非言语行为回应)]

刻意练习 26　铁三角刻意练习

设置：

- 三人一组，每轮 30 分钟（其中角色扮演 15 分钟，讨论 15 分钟），一共三轮；
- 成员轮流扮演助人者、来访者和观察者。

助人者扮演要点。尽量在刻意练习中使用不同的情感反应方式，暂不使用其他技术。

来访者扮演要点。可以讲述一段后稍做停顿，给予助人者扮演者更多识别或体验情感的空间。

观察者扮演要点。反馈在角色扮演中，助人者如何使用情感反应、情感反应的作用，以及分享自己在某节点是否尝试过做不同方式的情感反应。

示例

静婷：唉，但自己带吧，又一肚子的火。就说昨天晚上吧，我感觉自己又失控了。我忙了一天，已经很累了，但因为孩子第二天有个考试，我还得硬着头皮帮他复习。

助人者：你昨天晚上感到身心俱疲（**情绪词**）。

静婷：是的，但孩子一直拖拖拉拉的，一点也不配合。眼看越来越晚了，他还有一堆东西没复习呢。再想到老师跟我反馈说他上课不认真听讲，成绩也下滑了，我就再也忍不住了，于是大声吼了他，还把他的书狠狠地摔在一边。

助人者：你忍了半天，但就是感觉自己的太阳穴鼓鼓的，头都要炸了（**身体感觉**），所以干脆把火发了出来。

静婷：真的，头都要炸了……太绝望了，当时就想把炸弹引爆，一起毁灭算了。我那么辛苦辞职在家带他，可是他竟然这么不争气，一点也看不到我的付出和辛苦，我为他牺牲了那么多！

助人者：好像苦苦支撑了那么久，你听到"轰"的一声，你的天塌了（比喻/意象）！

静婷：我的脑袋嗡嗡的，在那个时候什么也听不见了……过了不久，我听到孩子也哭得很伤心，我才缓过劲来，看着他抹眼泪的样子，我……唉！

助人者：五味杂陈，说不出的感觉（情绪词呈现无法清楚描述感情的复杂状态）！

静婷：是……（沉默五秒，流泪）

助人者：[眼睛泛红（非言语回应），看着来访者，静静地等待着（留白）]

静婷：（两分钟后）我知道我不该发火，不是都说"好妈妈要做到温柔而坚定"吗？但是我就是做不到，我控制不了自己，太对不起孩子了！

助人者：[轻轻地点头，微微皱眉，关切地看着来访者（非言语回应）]

静婷：老师，你说我是不是做得很糟糕（静婷的这个反馈，说明有时非言语回应会引发来访者对于自己被助人者评价的猜测，不一定能起到正向的作用。如果在角色扮演中遇到了类似情况，那么观察者在反馈时可以提出其他情感反应的方式，还可以邀请小组成员讨论如何回应来访者感受到的自己被助人者评价的感受）？

本章难点

问：我平时较少探索情感，不太能分清楚不同类型情绪的差异，也没有丰富的情感词汇储存，怎么办？

答：我们整合中医、儒家、佛家对情与欲的分类，归纳出以下八类本土情绪词汇，外加一类表达两个以上情绪的复合词汇（见表9-2）。

表9-2　　本土情绪词汇

喜	幸福、痛快、喜上眉梢、喜气洋洋、欣喜若狂、喜滋滋、愉快、自豪、开心、笑盈盈、尽兴、欣慰、得意、心花怒放、高兴、眉飞色舞、手舞足蹈、欢欣雀跃、喜不自胜、兴高采烈、笑容满面、载歌载舞、开怀、感觉很嗨、挺乐呵、（网络用语）很哇塞、（淄博方言）恣、（川渝方言）安逸、（四川方言）巴适、（陕西方言）美得很
思/忧	挂念、殚精竭虑、担心、操心、牵肠挂肚、内疚、自责、懊悔、庆幸、遗憾、心事重重、坐立难安、闷闷不乐、纠结、忧心忡忡、顾虑、迷惑、惭愧、烦躁、多愁善感、心急如焚、发愁、唉声叹气、消沉、心焦、六神无主、寝食难安、黯然
悲/哀	委屈、难过、心灰意冷、欲哭无泪、伤感、伤心、消沉、落魄、肝肠寸断、泪如泉涌、泣不成声、以泪洗面、心碎、悲哀、食不下咽、痛苦、萎靡、消沉、颓废、憋得慌、苦闷、愁容满面、闹心、捶胸顿足、（潮汕方言）激心、（山西北部方言）难乃（二声）
恐/惧/惊	提心吊胆、惴惴不安、恐惧、魂飞魄散、胆怯、六神无主、畏惧、战战兢兢、心有余悸、胆战心惊、不寒而栗、恐慌、小心翼翼、毛骨悚然、惊慌失措、害怕、心慌、吓破胆、天都塌了、一身冷汗、汗毛倒竖、鬼压床、后背发凉、心惊肉跳、头皮发麻、（上海方言）哈撒宁、（四川方言）魂都莫得了

127

续前表

怒	义愤填膺、火冒三丈、窝火、恼火、怄气、生气、愤愤不平、发火、不爽、愤怒、恼羞成怒、气急败坏、暴跳如雷、不满、烦躁、脑壳冒烟了、我裂了、想打人、气爆了、气得肝颤、气到发疯、滚犊子、滚一边去、（四川方言）鬼火冒
爱	自在、安心、满足、和谐、心旷神怡、悠然自得、心情舒畅、芳心纵火犯、心潮澎湃、贴贴、举案齐眉、掏心掏肺、捧在手心、今夕何夕、见此良人、（网络用语）么么哒、（粤语方言）钟意[①]、（西北方言）稀罕
恶/憎	深恶痛绝、痛恨、憎恨、怨气、怀恨在心、怨恨、厌恶、咬牙切齿、嗤之以鼻、恨之入骨、嫌弃、无语、（网络用语）摊手、（网络用语）真的呵呵了
欲	气馁、绝望、嫉妒、期待、兴奋、向往、垂头丧气、憧憬、吃醋、渴望、爱慕、羡慕、梦寐以求、扫兴、大失所望、无聊、乏味、心痒痒、求而不得、眼红、吃着碗里的看着锅里的、吃不着葡萄说葡萄酸、（四川方言）弯酸
复合词	矛盾、心情复杂、悲喜交加、悲愤、乐极生悲、五味杂陈、百感交集、酸甜苦辣、感慨万千、说不出的滋味

刻意练习 27 排列情绪词汇

仔细体会表 9–2 中的每一个词语，并把每一类情绪中的不同词汇按照强度从低到高重新排列。

---

① 也有"中意"的写法，此处采用《广州话正音词典》中收录的词条。

刻意练习 28　调整情绪词汇

体会你是否同意我们给出的情绪类别，并按照你自己的体悟重新调整情绪的分类。你既可以调整分类的方式，也可以增减类别，并在调整后的分类表中加入独属于你自己的词汇，创造独属于你的、使用起来更得心应手的词汇表。

本章难点

问：在会谈中，我能体验到来访者的情感，也理解情感反应怎么做，但话到嘴边，就是表达不出来，怎么办？

答：当会谈中出现这样的挑战时，首先你要允许自己话到嘴边说不出来的情况。此时，你可以在心里默默地对自己说："我说不出来是正常的，我的家人就不擅长用语言表达情感，我不可能会突然习得这个能力……"然后，你可以邀请来访者分享此刻的身体的感受，然后你要对其进行重述，接着拿出情绪词汇表，邀请来访者和自己一起找到贴合其当下情绪体验的类别及词汇，可以请来访者选出几个大致能代表其此刻情绪的词汇，你们再共同对这些词汇进行逐一体会、辨识。

问：我常常会因为担心情感反应不准确而不敢在会谈中做情感反应，怎么办？

答：情感反应最主要的作用是促进来访者厘清模糊的感受，达到澄清及推进会谈的作用。助人者提供准确无误的情感反应并不是必要条件，这个期望本身也是不太现实的。罗杰斯在《情感反映还是校验感知》一文中强调："受训者不应该被要求杜撰出一个'正确的'情感反映；而是试着去判断,我对来访者内心世界的理解是否准确,我所看到的和他此时此刻的经历是否吻合。"因此,情感反应是一个试探性地去感知来访者内心世界的过程,是助人者和来访者一步步靠近的过程,而不是一个提供标准答案的过程,假设助人者每次都能准确无误地对来访者进行情感反应,反而会剥夺来访者去体验、厘清自己情绪体验的能动性。

示例

静婷:老师,你说我是不是做得很糟糕?一想到别人的妈妈都能那么情绪稳定地陪孩子,我却动不动就朝孩子发火、摔东西,真的是太差劲了!

助人者:好像你觉得自己已经尽力了,却依然无能为力,是吗?

静婷:(沉思片刻)我其实感觉很挫败,我想做一个好妈妈,但没有做到。我经常怀疑我自己是否像我自己想的那么能干。"能够面面俱到"是我一直以来对自己的要求……

在这个例子中,来访者并未完全认同助人者做出的情感反应,但这个反应能帮助来访者更加聚焦于自我感受的探索,也推进了咨询的进程。因此,助人者在使用该技术时,不必执着于提供一个标准的或准确的答案。只要以试着理解来访者的姿态去自然呈现自己接收到的感受,再用合适的方式呈现出来,并带领来访者继续推进自己的感受和向前探索,这种回应就是一个好的情感反应了。

中国文化强调服从权威，长期生活在权威文化的助人者更习惯于提供一个标准或看似准确的答案。我们想呼应一下本书的开头，在本土环境下，我们可以试着分辨哪些回应更有西方色彩、哪些回应更有东方底蕴，先暂时放下所谓的"标准答案"。在进行情感反应的过程中，助人者要试着去理解，自己无论多么有经验，在作为一个活生生的人去做反应时，情感反应势必不会完全贴合来访者，当每一次跑偏且都是为了更好地继续靠近来访者时，就走上了助人者为自己松绑、获得矫正性体验的成长之路。

> **反思：方言在助人工作中的运用**
>
> - 你的方言可以如何表达各类情绪？有哪些是普通话中没有的词汇或表达方式？
> - 当你用方言表达情绪时，与用普通话表达情绪时有什么不一样？对于哪些情绪，你更容易用方言表达？对于哪些情绪，你更容易用普通话表达？
> - 在你生活的地区，还有哪些地域性特有的用行动或其他非言语方式表达情绪的方式？

第 10 章

技术 6：情感表露

情感表露和情感反应的区别

情感反应是聚焦在来访者身上的，是助人者呈现对来访者情绪体验的理解。如果我们想象来访者和助人者坐在舞台上，那么在情感反应中，就是主光打在来访者身上，辅光打在助人者身上，即助人者的回应是为了进一步高亮来访者的情绪体验，在关系中处于辅助的位置，把舞台的展现留给来访者；而在情感表露中则有两个主光，分别打在来访者和助人者身上，此时助人者用分享自己的情绪体验来回应来访者，将两人在咨访关系中的互动进行高亮，情感互动你来我往，双方共同演绎一出生动的故事。因此，在助人者使用情感表露这项技术时，不需要刻意地退后，而是自然地表达自己的情感，为与来访者的情感联结、互动共创空间。

举一个日常生活中的例子。闺密失恋分手了，来找你倾诉，如果你对闺密说"你分手了肯定很伤心吧"，就是情感反应；如果你的回复是"这次轮到你啦，上次我分手时可是难过了好几个月都走不出来呢"，就是情感表露。然后，你可以试着把自己代入这个失恋的闺密的角色中，从直观的体验层面感受情感反应和情感表露可能会给来访者带来怎样的不同体验。

对情感表露技术的去殖民化思考

> ✋ **克拉拉·E. 希尔的定义**
> 助人者表露自己在与来访者相似的情境下的感受和情感。

希尔模型下的情感表露，强调助人者和来访者作为两个独立个体的存在，助人者作为一个独立个体为另一个独立个体（即来访者）"示范"其可能体验到的感受，并进行正常化。在这样的视角下，助人者更像一个帮助来访者成长的工具人，而不是一个和来访者一样的活生生的、有自己的情感也有自己局限的人。由于强调双方是独立个体，因此希尔模型强调情感表露要节制，要区分哪些情绪是来访者的，哪些情绪是助人者自己的，避免把自己的感受强加给来访者。这样的视角符合希尔所生活的个体主义文化倾向的北美，但也忽视了助人者和来访者除了是两个个体外，他们还共同构建了咨访关系。在关系中，双方随时都在影响彼此，双方的情绪也是时时刻刻在关系中流动，很难完全分清哪些情绪只属于来访者，哪些情绪只属于助人者。

相较于北美文化中"自我"是完全独立于他人存在的价值取向，在我们的文化中，"自我"是依附于关系存在的，对"自我"的构建不是基于个体独有的特质，而是基于个体在人际关系中的角色、地位、责任等。相对于"我"，我们的文化更注重在人与人的互动中所产生的"我们"。在这样的互依我的视角下，关系中的个体所感受到的情感，有一部分是以关系中对方的反应作为基础来判断的，而不全

133

然独立属于自己的。同时，我们这种基于关系的文化很讲究礼尚往来，比如年节走亲戚，你给亲戚拿一份烧鸡作为礼物，亲戚会回馈你一份自家种的花生。这种"回礼"的概念在北美文化中是不存在的，因为 A 送给 B 礼物，会被解读为 A 作为完全独立个体的独立决定，接受礼物的 B 除了表达感谢外，并没有要回礼的义务。这部分的差异也会导致以下情况在北美文化中被认为是理所当然的：来访者付了钱，咨询就要聚焦在来访者身上，助人者哪怕要做情感表露，也需要克制。如果照搬到我们文化中的助人关系里，可能会让本土来访者有一种少了点什么的感觉，因为我们熟悉的礼尚往来的互动模式并没有发生。

另外，在希尔模型中，情感表露的目的是"示范来访者可能体验到的感受"，我们则认为需要谨慎使用"示范"这个说法，因为我们不认为任何一个个体有权向另一个个体示范对方的情绪体验，所以如果一定要使用"示范"这个词汇，那么以下场景可能更合适：如果来访者因为各种原因而与自己的情绪体验疏离甚至隔离，助人者就要通过情感表露展现自己作为鲜活个体的一面，向来访者"示范"一个人是如何与自己的情绪联结并体验的，并在同时发出一个邀请——"你也来试试与我同行"。我们切断与某些情绪的联结，往往是因为我们的文化、环境对这个情绪的不接纳，承认这样的情绪会让我们感到尴尬甚至羞耻。助人者通过承认自己也有这个情绪体验，也是在允许这个情绪，为这个情绪"去污名化"，这也呼应了希尔所说的，"情感表露也可以起到对情绪的正常化的作用"。

希尔模型的另一个局限是，把情感表露局限在用情绪词汇清晰地表达感受上，没有涉及我们本土文化含蓄、留白的表达风格，也没有涉及如何用非言语进行情感表露。虽然生活在北美文化中的个体也会无意识地用非言语表露情感,但在我们的文化中,会经常主动使用非言语进行情感表露,来含蓄地传达心意或创造一种一切尽在不言中的意境。比如,在电视剧《如懿传》的末尾,时日无多的如懿在自己禁足的翊坤宫内送别乾隆,如懿看着乾隆渐行渐远的背影,嘴角挂起微微的笑意,眼神慢慢悠远,似乎既是在与自己曾经的爱人告别,又是在与自己的这一生告别。如懿过世后,乾隆久久凝视着一株如懿最爱的绿梅,并在宣纸上写下了"兰因絮果"四个字。这两个片段中,如懿和乾隆之间的情感表露都是通过有意且主动的非言语进行传递的,这种此时无声胜有声的意境,加入任何旁白都会破坏意境,并降低这两个场景给观众带来的情绪冲击。

对情感表露的本土化视角重构

> ⭐ **本土化视角重构后的定义**
> 情感表露指助人者通过表露自己过去或当下的情感,邀请来访者从自我情感的体验中,聚焦咨访关系双方的情感流动的过程。

我们对情感表露做了本土化的重构,着重强调情感表露对咨访关系的影响,把希尔模型强调的"情感表露最终要让焦点回到来访者那里",重构为"将焦点回到来访者和助人者共建的咨访关系里"。本土化视角重构后的情感表露还有一个意图:呈现助人者也是一个普通人,可能会经历与来访者类似的挑战,有时会与来访者有相似的感受,有时还会有很多细微的差异。如果助人者通过情感表露呈现这种差异,并表露自己作为一个人的限制,就有助于降低对助人者的理想化,从而促进来访者更加信任自己的感受和/或判断。

静婷案例第四次咨询的背景提示如下:

静婷分享在过去的一周,孩子作业不太多,所以自己的情绪比较稳定,她用这个机会检讨了自己在育儿过程中没做好的地方。

用本土化的方式表露自己如果处在来访者的情境下,自己的情绪感受

助人者假设自己处于来访者的处境,通过助人者表露自己在相似情境中的情绪体验,邀请来访者进一步体验自己的感受是什么,有没有和助人者的体验相同或不同的地方;助人者愿意把自己代入来访者的处境,也传达了对来访者共情,以及对可能引起羞辱的体验的正常化。

示例

静婷:家人有时也会说"你看,挣钱不用你操心,家务也有我们帮忙,你只需管孩子,怎么还管不好"。我觉得他们说得挺有道理的,我辞职后的这七年,只做了一件事,就是带孩子,结果还带成现在这个样子,真的觉得自己挺失败的。

助人者:如果我身边的每一个人都认为某件事都是我的问题,那么我也会觉得自己挺糟糕的(助人者假设自己处于来访者的处境,表露自己的感受,正常化静婷"失败"的感受)。

静婷:是的,我感觉自己真的各方面都没做好,家人也对我很失望。我确实控制不了自己的情绪,每次辅导作业前我都告诉自己要有耐心,但几乎每次都会发火。老公让我去向班里前几名

学生的妈妈学习取经，我觉得开不了这个口。我最近头发大把大把地掉，真的不知道怎么办了。

助人者：有一种被全面否定、试卷上一大堆"×"并打了零分的感觉（情感反应）。

用本土化的方式进行即时化的情感表露

即时化的情感表露，指助人者表露此时此刻自己的感受。当我们谈论过去的经历时，容易产生隔离感或疏离感，情绪体验可能不明显。助人者通过即时化的情感表露，把咨询聚焦在此时此刻，邀请来访者与此时此刻的助人者联结，也与此时此刻自己的感受联结，从而加深咨访关系的联结，也邀请来访者进一步体验其当下的感受。即时化的情感表露既属于情感表露技术，又属于即时化技术。这里本土化的方式包括使用本土化的情绪词汇、身体感受、意象和比喻。

示例

静婷：老师，你是不是也觉得我是一个糟糕的妈妈？

助人者：听到你这么问，我其实心里挺不是滋味的，因为我看到你这么认定就是自己的问题，都没怀疑过会不会是家人对你的期望太高、太不符合实际了（即时化的情感表露，并进一步表露自己有如此感受的原因）。

静婷：老师，你的意思是，这不是我的问题，而是他们的期望太高了，是吗？可是，也不只是他们有这种想法啊，大家都是这么认为的。

> 助人者：你好像对"是家人的期望过高"这个可能性有点难以置信，是吗（情感反应）？

助人者主动使用表情神态、肢体动作等非言语进行即时化的情感表露

助人者主动使用非言语进行情感表露，即让来访者体会到助人者的情感是跟着来访者流动的，但又因为使用的是非言语，这对来访者的情感流动、叙述带来的扰动是最小的，所以非常适用于助人者希望来访者完全按照自己的节奏进行叙述、表达，自己运用非言语表达出对来访者的关注和陪伴，但又不进行过多打扰的情景。在这样的状态下，助人者是作为一个鲜活的人，而非一张白板，来进行倾听和表露的。

示例

> 静婷：（沉默了2~3分钟后）其实这几年，我时不时会有一种脱离社会，就是那种依附于老公但自己被"吸干"的感觉（助人者叹了一口气，表达对那种被榨干感觉的感同身受），偶尔很想回去上班。我一直在努力做一个好妈妈，但又有很多没做到的地方（助人者有点惊讶地皱了皱眉头，表达不同意静婷给自己的这个评价。之后，助人者用关切又心疼的神情倾听静婷的叙述）。有一种怕自己的真实面目暴露了、穿帮了的感觉，还会为自己想回归职场感到内疚，也无法解释自己为什么不想全职在家，说不出口。

助人者时时刻刻都在通过非言语表露情感

助人者时时刻刻都在表露自己的情感，无论自己是否觉察到了这一点。一个微笑、一声叹息、一次点头、撇撇嘴、挠挠腮、身体稍稍向后靠或向前倾，哪怕可以做到面无表情，但举手投足之间也会表露情感。助人者只有先意识到自己时时刻刻都在通过非言语表露情感，才有机会觉察自己进行了怎样的无意识的非言语情感表露，培养出一个可以时刻观察咨询历程的无人机视角，在专注体验来访者情感的同时，觉察自己的情感体验以及自己的肢体语言在表露的内容。慢慢地，就能用一个更广阔的视角去看见来访者与自己在双方共同创造的关系中，情感是如何相互流动的。

比如，助人者在听到来访者说到自己遭遇的性别歧视时，可能会一边贴近地倾听着，给予来访者继续讲述的空间；一边又不自觉地攥紧了拳头。如果助人者没有觉察到自己对于性别歧视的反感甚至愤怒的反应，就可能会在接下来的回应中无意识地进入与来访者一起吐槽的状态；相反，如果助人者能以无人机视角对历程的觉察看到自己的下意识反应，就可以主动地进行表露，从而减少付诸行动的可能（比如，"听到你的经历，我瞬间冒火了，我很好奇你会感到愤怒吗"）。

我们强调，助人者要对自己无意识表露的情绪有所觉察，而不是像一块白板那样不能有任何的无意识情感表露。助人者有意或无意的情感表露的重要作用之一，就是呈现助人者是一个鲜活而普通的个体，对同样的情景，也可能有与来访者截然不同的反应，这有助于降低对助人者的理想化，鼓励来访者更确信自己的需求和感受。

比如，延续上面的例子，来访者在听到助人者表露的愤怒后，可能会为助人者也会有情绪张力很大的时刻而感到惊讶，一方面是因为联结到了更鲜活的助人者而感到惊喜，另一方面是因为借由助人者的感受，觉察到了自己在经历性别歧视时，更多的是对歧视者的失望，因为对方是自己很信任的人。当来访者能向助人者呈现这部分的不同时，就是在肯定自己的体验和感受。

刻意练习 29　探索自己与情绪的关系（自我督导型的刻意练习）

进行情感表露的前提是，我们能觉察到自己当下的情绪，并允许自己进行情感上的表露。在我们成长的环境中，家人可能更多的是通过关注吃穿、学习、工作来表达关心，很少直接进行情感上的交流，这可能会使助人者在咨询中需要表露情感的时刻逃开。助人者自己与情绪的关系会直接影响自己与来访者情绪的关系，当助人者对自己的情感能更敏锐地觉察、更开放地体验和表露时，对来访者做情感表露也会更舒展、更松弛。做这个刻意练习时，首先要从探索助人者自己与情绪的关系入手。

请反思并觉察在我们成长的过程中，哪些情绪是被鼓励、允许展现出来甚至表达出来的？哪些情绪是不被鼓励的，甚至展现、表达出来是会受到惩罚的？这些允许和不允许，与我们家庭的传统、地域文化、性别刻板印象有什么样的关系？

刻意练习 30　联结自己的情绪感受（生活场景中的刻意练习）

用一周的时间，无论你在做什么，每两个小时停下来一次（可以通过提前设置闹钟的方式提醒自己），用一分钟觉察、体验自己当下有怎样的情绪感受。如果停下来觉察时，觉得自己没有任何明显的情绪，那么可以体会自己的身体是否有任何紧张、僵硬的部分，以此帮助自己与情绪感受进行联结,还可以就体验这种没有情绪或与自己的感受不太能联结上的状态,探索这背后可能有怎样的情绪感受。可以使用表 10–1 进行记录,记录时可以用意象、身体感受,也可以参考使用表 9–2 中列出的本土化情绪词汇。

表 10–1　　　　　　　情绪感受记录表

	周一	周二	周三	周四	周五	周六	周日
8:00							
10:00							
12:00							
14:00							
16:00							
18:00							
20:00							
22:00							

刻意练习 31　通过音乐联结自己的情绪感受(生活场景中的刻意练习)

如果你觉得做刻意练习 30 比较难,那么可以试着通过音乐等调动情绪,让其更容易被觉察、体验。

宫、商、角、徵、羽是汉族的古代音律,也叫五声音阶,它和目前我们熟知的七声音阶 Do、Re、Mi、Fa、Sol、La、Si 是不同的。人们在日常生活中常说的"五音不全"中的"五音",指的就是五声音阶。在中国传统的民族音乐中,使用更多的是五声音阶,中医中也会运用五音调养五脏。比如,《素问·阴阳应象大论》中提到,五脏与宫、商、角、徵、羽五音的对应关系。清代医家林之翰在《四诊抉微》一书中，也有这样的描述："脾应宫，其声漫而缓；肺应商，其声促以清；肝应角，其声呼以长；心应徵，其声雄以明；肾应羽，其声沉以细，此为五脏正音。"五音通过五种情志（怒、喜、思、悲、恐）与五脏相应和，通过音乐曲目，可以直接连通和调动人的这五种情志，而无须借助语言这个媒介，这也是俗语经常说"音乐无国界"的原因。我们找了以下几首五音代表的曲目，以为大家提供一些可以使用的资料。

- 《春江花月夜》（中央民族乐团版）：宫音，入脾，情志为思。
- 《慨古吟》（李双宁版）：商音，入肺，情志为悲。
- 《列子御风》（吴文光版）：角音，入肝，情志为怒。
- 《紫竹调》（中央民族乐团版）：徵音，入心，情志为喜。
- 《二泉映月》（宋飞版）：羽音，入肾，情志为恐。

找到以上列举的一首或几首曲子，每放一首，都要先留意身体的感受，并试着用随意绘画，捕捉此时此刻的情绪体验，再试着用情绪词汇描述此刻的感受。在用情绪词汇描述此刻的感受时，先找出情绪所属的大类，再进行细分。比如，在听《紫竹调》时，你的身体可能会不自觉地跟着晃动，有一种跳跃的欢快感。你可能在纸上画出了五颜六色的点和跳跃的小人。这时你可以问自己："我此刻的体验属忧、思、悲、恐、惊、喜这几类情绪的哪一类？"判断属于"喜"后，进一步细分："我此刻的情绪是欣喜若狂吗？不，应该是眉飞色舞或喜气洋洋，这两个词感觉更像我身体此刻的状态。"

刻意练习 32　铁三角刻意练习

设置：

- 三人一组，每轮 30 分钟（其中角色扮演 15 分钟，讨论 15 分钟），一共三轮；
- 成员轮流扮演助人者、来访者和观察者。

助人者扮演要点。在 15 分钟的角色扮演中，尝试主要使用情感表露。如果表露过程中出现了焦点在助人者身上的情况，就时不时地用重述、情感反应去回调一下。如果直接情感表露比较困难，就可以先做重述或情感反应作为铺垫。

来访者扮演要点。可以讲述一段稍做停顿，给予助人者扮演者更多识别或体验情感的空间。

观察者扮演要点。反馈环节可以更多地关注情感表露贴近来访者体验的程度，以及在助人者情感表露后，来访者对探索感受的状态变化。还可以邀请助人者和来访者扮演者分享使用情感表露的体验。

刻意练习 33　小组讨论型的刻意练习

相对于前几章练习的助人技术，助人者在进行情感表露时，是诚意满满且很坦诚的状态，这样的状态非常有利于应对咨访关系出现张力的时刻，但要在关系出现张力的时刻不逃走也不进入和来访者的对抗中，只是如实、坦诚地表露自己当下的感受。这很考验助人者对情绪、张力的耐受度，以及坦诚、非责难地表达自己的感受的能力。

为了帮助读者提高这部分的能力，我们基于过往的教学经验，总结了以下三个对不少助人者来说都比较有挑战的场景，邀请大家以小组讨论的形式，通过刻意练习，提高在咨访关系出现张力或关系中情感浓度高时，助人者可以通过情感表露来练习坦诚回应的能力。

场景 1：来访者表达对助人者的不满

来访者：你是助人者，应该更有办法，可是你为什么不说呢？你总是让我自己想，我就是想不出才来找你的呀！

反思讨论 1："听到这样的表达，我的情绪、身体是怎样的？"组员们可以花一些时间自行体会后，相互分享自己的感受。这个情境可能会激活助人者对自己胜任力的怀疑，还可能会激活助人者被责难的创伤，使助人者感到慌乱、愤怒或者想要逃避。此时，特别需要助人者开启无人机的视角，充分觉察在这个情境中自己的感受。感受没有对错之分，在组员分享自己的感受时，其他组员可以试着以非评判的态度倾听和回应。

反思讨论 2："我的这种情绪体验可以向来访者表达出来吗？如果不行，为什么？如果可以，我会如何进行情感表露？"组员们轮流进入助人者的角色尝试情感表露，如果直接进行情感表露比较困难和突兀，就可以先用重述或情感反应进行铺垫，再做情感表露。尝试后，可以与组员分享进行如上情感表露的尝试时自己的体验。

> **示例**
>
> 助人者：你很想让我提供解决方法（先用重述传递共情），我感到有些压力和左右为难。我之所以左右为难，一是因为我很想给你提供缓解压力的办法，二是因为我担心我给你的办法可能不一定适合你（情感表露，并透明化解释自己情绪背后的原因）。

反思讨论 3："来访者听到后，可能又会有怎样的反应？"组员们可以把自己代入来访者的位置，分享自己如果是来访者，听到助人者的情感表露后会有怎样的体验和反应。

场景2：来访者陷入深深的无力感

来访者：我感觉自己卡在了死胡同里，前后左右都没有出路了，胡同里漆黑一片，似乎只能坐以待毙了……真的，看不到一点希望！

反思讨论1："听到这样的表达，我的情绪是怎样的？"当来访者陷入巨大的无力感时，助人者可能本能地想躲开这种无力的时刻，希望立即把来访者从这种无力感中拉出来。如果觉察到自己有这样的倾向，那么可以进一步体会，那个想立即把来访者拉出来的动作的背后，可能有着怎样的情绪体验？是不是自己也同样很无力？组员们可以轮流分享自己的情绪反应。

反思讨论2："助人者此时有怎样的感受？"组员们轮流进入助人者的角色，尝试表露助人者此时此刻的感受，而不是立刻采取行动把来访者从无助感里拉出来，并分享尝试情感表露过程中的体验。

示例

助人者：听你这么说，我感到自己也似乎陷入了一个泥潭，好像越挣扎就陷得越深，再也无法上岸了（情感表露）。

反思讨论3："来访者此时有怎样的感受？"组员们可以把自己代入来访者的位置，分享如果自己是来访者，在听到助人者的情感表露后会有怎样的体验和反应。

场景3：来访者表达感谢

来访者：老师，我这一年有非常多的成长和变化，全都是你的功劳。我会经常想起你跟我说的话，反复品味。有时还会想象如果是你，会怎么回应我。非常感恩能遇到你。

反思讨论1："听到这样的表达，我的情绪是怎样的？"组员们轮流分享自己在听到感谢后的情绪反应。我们的文化强调谦虚，可能让我们对直接表达的感谢或肯定感到不耐受，本能地回应可能是"我没有你说的那么好""都是你自己的功劳"等，但来访者可能鼓起很大的勇气才这么坦诚、直接地表达感谢，助人者需要把这份沉甸甸的表达接住，而不是推开，这样的态度在不太允许直接接受感激、赞美的文化中，刚好能为来访者提供一个矫正性的体验。因此，当来访者坦诚地表达感谢时，助人者要用坦诚回应来访者的坦诚。

反思讨论2："助人者会有怎样的感受？"组员们轮流进入助人者的角色，尝试用坦诚回应坦诚，表露此时此刻的感受，并分享尝试情感表露过程中的体验。

> **示例**
>
> 助人者：听到你把功劳全都推给了我（重述），我的第一反应是有点不安（情感表露），但我也听到了你在真诚地表达感谢（重述），心里暖暖的。我也很珍惜我们一起努力合作的时光（情感表露）。

反思讨论3："来访者会有怎样的感受？"组员们可以把自己代入来访者的位置，分享自己如果是来访者，听到助人者的情感表露后会有怎样的体验和反应。

本章难点

问：我的情感表露会不会挤压到来访者的空间？

答：谨慎、节制地使用情感表露是传统精神分析的观点，基于独立我以及强调助人者要做到客观中立的西方文化视角，认为咨询的焦点是来访者，助人者的任何表露都会干扰来访者的表述。但我们的文化更多的是使用互依我视角，讲究礼尚往来，当助人者刻板地去做一个没有任何真实情绪流露的白板时，本土来访者反而会因完全感受不到助人者的回应而受到巨大的干扰。因此，很多时候本土来访者对助人者的个人背景、看法等进行刨根问底的追问，就是因为感受到了失衡，即"我向你袒露了我生活、经历的方方面面，但我对你却一无所知"，这在本土文化下是非常反常甚至是非常怪异的。在互依我的视角下，咨询的焦点是咨访关系，助人者需要让来访者感受到自己是以一个活生生的人的状态与其互动，这样一来，就不会存在所谓的"挤压到来访者的空间"了。

问：我的情感表露会不会不够贴近来访者的体验？

答：助人者在咨询中进行情感表露的最终目的是，推进来访者对自己议题的探索和领悟，落脚点在来访者身上，和助人者在自己生活中为了宣泄或获得理解而进行表露的目的是不一样的，需要带着对来访者的共情去表露，所以在表露前先用重述或情感反应作为铺垫，就能让来访者感受到自己被听到或被理解了，之后哪怕助人者表露的是与来访者很不一样的体验，也能做到平衡兼顾咨访双方的体验。

助人者有时会因为太心急而想让来访者看到自己的盲

点，或者太想一把将来访者从困境中拉出来，反而会失去对来访者的共情，表露一些来访者在目前的状态中可能无法联结到的内容。比如，本次咨询中静婷说的第一段话，如果助人者对于静婷认同了家人对她的高要求感到愤怒，从而想让静婷立刻看到这些期待不合理的地方，那么可能会表露为"如果我是你，我就会觉得家人完全不理解我"，或者"如果我是你，我就会觉得家人在PUA我"。这和目前静婷其实是认同家人的标准相去甚远，会让静婷感到自己备受压力的状态没有得到助人者的理解。助人者需要一小步一小步地领着来访者去看到其他的可能性，让来访者在这个过程中感受到自己是在主动行动，而不是被强行摁着头去看到所谓的"真相"或"更好的方式"。因此，当助人者不确定自己的情感表露对来访者造成了怎样的影响时，可以直接询问来访者听到自己的表露是什么反应。如果助人者觉察到自己的表露让来访者有点懵或联结不上，那么可以重新回到重述和情感反应，因为这两项技术是最贴近来访者的。

> ### ❖ 反思：方言在助人工作中的运用
>
> - 在你成长的环境中，爱和关心是通过什么方式表达出来的？是更多用语言，还是行动或其他非言语方式？在你的方言里，是否有对应"我爱你"意思的词汇？是否有地域性的特有的行动或其他表达方式？
> - 在你成长的环境中，不喜欢和厌恶是通过什么方式表达

出来的?是更多用语言,还是行动或其他非言语方式表达?在你的方言里,是否有对应"我讨厌你"意思的词汇?是否有地域性的特有的行动或其他表达方式?
- 留心在你成长的地域中,擅长说方言的长辈们通常是如何去表露情感的?在他们使用那些方言表达情感时,你是能够联结上,还是感觉有隔阂?你心中的感受又是如何?

第 11 章

技术 7：沉默耐受力

《缨珞经》中曰："言语道断，心行处灭。"

希尔在她的书中写道："沉默，就是当助人者和来访者都不说话时的一个停顿。"这种释义方式，使得沉默成为一个被动性的存在，暗示了沉默只是说话中的间隙，而不是一个独立的交流方式，这与西方认为的"语言谈话"才是主流的交流方式非常吻合。在我们的语境中，沉默是指默默的、一言不发的、沉寂的、不说话的、不爱交谈的。这种释义方式虽然解释了一种看起来"理、中、客"的状态，但是在我们受到西方文化认为的"更自信、更大胆地发言是好的"，与本土某些语言习俗中的"话不能掉在地上"的影响下，不爱交谈、不说话就成了一种弱势的存在。我们可以看到，以上的释义方式都使得"沉默"的含义被缩窄，这让我们在提到沉默时，更容易下意识地感知为负面的含义。同时，沉默常被权力高位者滥用，比如，在上级对下级、家长对子女、老师对学生的关系中，沉默可能会被用来实施以下意图：进行威慑、让人"闭嘴"，以及在位高者该承担责任的时候表现出不作为、忽略或冷暴力等，让弱势一方没有与之进行平等对话的机会。

所以，当很多助人者产生对沉默感到不耐受的情况时（比如，一旦来访者有停顿，助人者就忍不住要打破沉默），就更能理解这一点了。原因之一是，当我们处在"爱说话是好的、开朗是好的"的主流文化的叙事中，沉默就是一个不被认可的存在，好像"沉默"的人会自动地成为不受欢迎、不值得被了解的个体，生活在这样的大文化背景下，自然会害怕沉默；原因之二是，如果助人者陷入"一定要做些什么"的助人情结中，那么保持沉默会让助人者担心自己没有提供足够的支持，担心沉默就意味着自己胜任力不足、让咨询陷入僵局，从而不允许沉默的出现。另外，如果助人者自己在生活环境中的权威常常通过沉默来施压，咨询中的沉默就很容易唤起助人者有关沉默的伤痛体验，从而出于本能地回避。而且沉默本身也蕴含了不确定性，是一个任何事情都可能发生的未定空间，而我们对于不确定性都是有一些不耐受的，在不确定性引发了"无法归类或掌控"的焦虑感时，也会导致无法保持沉默。

虽然沉默带来这么多负面的感知，但只要我们留心就会发现，在我们的传统文化中，有很多场景为沉默做了积极多元的诠释和注解。比如，国人在面对赞扬或成就时如果保持沉默，那么更多有着谦虚、沉着的意味，而"谦"字是我们崇尚的美德，在《易经》中，64卦中的谦卦，是唯一的一个6爻皆吉的卦象。在遇到困难或挑战时，保持沉默也可以展现出沉着和冷静的气质，沉下来，就更容易应对挑战和化解困境。沉默还可以用来表达对某人或某事的尊重、哀悼等意思，比如，为逝者默哀三分钟，此刻的沉默会比言语更能传达出深沉的情感和态度。再如，国画中的留白也是沉默的一种表达方式，常常出现在山水、花鸟等题材的画作中——或许是云雾缭绕的山间，或许是静谧的湖面，又或许是花丛中的一处空白。这些留白之处，既是画面的透气口，又是情感的宣泄口。它们以无声胜有声的方式，传达出作画者的心境和情感，让观者在欣赏画作的同时，也能在留白处的空间里，加入自己的体验和想象，与作画者无声地交流对话。留白的沉默也在传达道家的哲学思想，当人面对山水花鸟时，人只是自然界中的一种存在形式，要收起作为最高等智慧生物的傲慢，与自然融为一体，而不是把自然占满。我们本土文化中最具特色的禅宗，更是把沉默发挥到了极致——止语、打坐、内观、入定，都是用沉默的方式去获得心无杂念、内外一致的境界；沉默还体现了禅宗"不立文字"的精神，在禅宗的师徒传承中，师父通过沉默来启发弟子，让他们自行领悟禅理等。可以说，沉默是禅宗中非常重要的修行法门，是禅宗中的领悟基石。

因此，我们提倡把沉默这项技术单独拿出来进行刻意练习，不仅是想突破西方文化带来的缩窄视野，让我们不耐受沉默的原因有机会被看见和理解；更重要的是想呈现沉默被滥用造成的伤痛体验，让更多元的沉默释义进入我们的视野范围，让沉默成为一项有意识并且可以主动使用的技术。以我们的视角来看，沉默不再是对话中的间隙和停顿，而是一种与对话同样重要的交流方式。

- 用沉默来倾听，当倾听来访者的非言语信息时，倾听来访者话语背后未说出来的情感、意图、动机等，都是传达助人者为来访者提供整理思绪、深入体验的空间（详见第 5 章"技术 1：倾听"）。
- 用沉默传递共情，主动地用沉默感知来访者的喜怒哀乐，还主动地用沉默感知自己随着来访者起伏的情感。主动使用沉默使得助人者既能打开共情的空间，又有机会不失边界感地用平等的视角去体会来访者，而不是居高临下地同情来访者或是被情绪淹没（详见第 6 章"技术 2：共情"）。
- 用沉默传达一种积极面对挑战的状态，减少"我用语言挑战你"

所造成的割裂感，而是用沉默一起塑造"我们一起在挑战一个困境"的联结感（详见第 14 章"技术 10：挑战"）。
- 沉默还可以映照出助人者纷繁复杂的心绪，使得我们有机会观察到自己的状态，从而不会无意识地把沉默变为"与来访者失去联结"（详见第 5 章"技术 1：倾听"）。
- 通过沉默，示范并传递对于不确定及未知的允许。当沉默的空间里在传达"我们其实都无法完全把所有信息归类""生命的无常一直在"等信息并被允许时，也是在传达一种陪伴的力量感，它在说"在保持联结的关系中，一起携手面对不确定，总好过一个人"。

当助人者与来访者心意相通时，无声的交流就发生在默默坐在一起的时刻，是珍贵的此时无声胜有声的时刻。

刻意练习 34 梳理自己和沉默的关系（自我督导型的刻意练习）

- 对于他人的沉默，哪些情况的沉默是令你感到不安甚至害怕的？哪些情况的沉默让你有一种想说点什么以打破沉默的冲动？哪些情况的沉默让你感到舒服、自在？
- 梳理自己平时在哪些情况下更容易沉默，以及自己在沉默时有怎样的体验，是否通过沉默表达任何内容？

比如，我（林燕）发现我在团体中更容易沉默，沉默不仅意味着不抢占他人的发言机会，还意味着自己可以观察到更多人的反应，觉察氛围的变化。我还发现，当我处于弱势位置时更容易沉默，好像沉默是一种自保的方式，除了沉默，其他任何方式都会让我受更多的伤。通过这样的觉察，也让我感到有这种想法的团体成员的生存环境的不安全，以及在团体咨询中可能没有给弱势一方更多发言和被看见的机会。

刻意练习 35　生活中的刻意练习

邀请你的朋友或家人倾诉，在这个过程中，你要刻意练习30分钟不说话，只是听。留意觉察自己在这30分钟的时间内，脑海中浮现的想法、身体反应，以及听到了哪些言语、非言语表达的内容，将这些内容都记录下来。

练习要点：

- 跟朋友或家人提前商量告知，自己是在做一个练习，降低自己30分钟不说话给对方带来的冲击；
- 记录时尽量不带评价，如果有评价的声音升起，就把评价的声音也记录下来。

刻意练习 36　铁三角刻意练习

设置：

- 三人一组，每轮30分钟（其中角色扮演15分钟，讨论15分钟），一共三轮；
- 成员轮流扮演助人者、来访者和观察者。

助人者扮演要点。每次想要回应前先沉默5秒，给自己进一步体验、组织语言的时间。

来访者扮演要点。正常讲述，并在助人者练习沉默时，体验当助人者短暂沉默时，来访者可能有怎样的体验。

观察者扮演要点。着重观察并反馈相对于之前的三人小组刻意练习，在本次练习中，进行了短暂沉默再发言的助人者状态有何不同？可能会给来访者带来怎样的影响？

刻意练习 37　铁三角刻意练习进阶版

设置：

- 三人一组，每轮 20 分钟（其中角色扮演 5 分钟，讨论 15 分钟），一共三轮；
- 成员轮流扮演助人者、来访者和观察者；
- 在完成刻意练习 36 后，三人小组刻意加练一轮。

助人者和来访者扮演要点。在角色扮演的 5 分钟内，双方带入扮演的角色，5 分钟都不讲话，只是沉默地陪伴着对方。

观察者扮演要点。在沉默中观察角色扮演的过程，并在讨论中分享彼此在这个强制沉默的 5 分钟内的感受。

本章难点

问：如果助人者通过慢慢练习后对沉默有了耐受力，但是发现来访者不耐受，该怎么办？

答：重要的是，要先觉察到助人者和来访者之间的权力差，即助人者有更多理论储备、知识资源、同辈互助资源、督导资源等可以使用，使得自己在大环境经常对"沉默"释义缩窄或造成负面感知时，依然有支持性的资源可以使用，可以通过学习、练习、领悟等途径获得"能够耐受的优势"。然而，来访者并不一定具备这种优势，因此助人者需要先对来访者的不耐受报以理解的视角。然后，助人者也可以借此反观，自己在沉默中主动传达了什么信息、无意识传达了什么信息。从而借助这些来访者不耐受的时刻，开启一种更深入的探讨，使得助人者不仅有机会觉察自己，也有更多机会去倾听在来访者的视角下是如何感知或解读沉默的。同时，助人者在主动使用沉默前，还可以提前为来访者做知情同意的讨论，商议出一个来访者觉得比较耐受或"只做一个小小的冒险"的沉默时间，使得来访者有机会从沉默中获益，而不是完全地忍耐和感到煎熬。

第 12 章

技术 8：解释

解释存在于我们生活的方方面面：父母根据自身的经验和知识给孩子解释自然万物的奥秘；老师给学生解释知识难点背后的原理；医生向患者解释病情及治疗方案；等等。有时我们也会主动要求他人给出解释，俗称"讨说法"，比如，被拖欠薪资的员工找老板讨说法，伴侣一方要求另一方解释为什么一整天都不回短信。来访者对助人者说的诸如"老师，我该怎么办""老师，你觉得我这个情况是怎么回事"等的要一个有关自身困境的说法、建议，也是我国来访者对心理咨询等助人工作最常见的期待之一。

不过，在我们的文化中，也有一些对于解释过分理想化的期待：武侠小说中经常有主人公被高人指点、因缘际会获得上乘武功的事例。比如，金庸笔下的郭靖，就得到过好几位高人的指点，在一次偶然的机会，周伯通教给郭靖双手互搏的绝技，又糊弄着郭靖熟记了九阴真经秘技，郭靖才能逐渐悟透九阴真经，真正跻身高手之列。禅宗顿门讲究的顿悟，以及"醍醐灌顶""豁然开朗""茅塞顿开""恍然大悟"等成语，一方面说明关键精准的解释可能会达到的效果；另一方面也可能增加了我们对"高人指点"的依赖，对需要更多地调动自己的主观能动性，一步步摸索的方式不太耐受。在助人工作中，我们也遇到过来访者期望助人者稍说几句、自己就能释然，或通过一两次助人工作就改变已存在了 20 甚至 30 多年的行为模式的情况。

解释之所以叫解释，是因为它来自解释者主观的阐述与说法，里面夹着解释者自己的视角、自我议题和特质，以及解释者所生存的时代、文化的价值观及局限，哪怕被公认为"权威"的解释也不例外。比如，对于地球的认知，被罗马教会极力推崇的"地平说"，最终被"地圆说"取代，而基于"地圆说"而提出的"地心说"，也被后世发现不仅是地球，连太阳也不是宇宙的中心。而 20 世纪初提出的"大爆炸理论"则提出，宇宙并没有所谓的"中心"。拥有"解释权"的人，可以通过手中的权力和影响力，把自己的主观解释包装成对某个现象的标准定义，所以法律解释权是司法机构特有的权力，而商家们也经常滥用"最终解释权"的条款，将其作为自己霸王条款的护身符。滥用权力的权威，也会在下属达不到自己的期望时对其进行人身攻击。

对解释技术的去殖民化思考

> **克拉拉·E. 希尔的定义**
> 解释指超出来访者表面的陈述或认识，为来访者的行为、想法或感受赋予一种新的意义、原因和说明，使得来访者从一种新的角度来看待自己的问题。

权威式的解释可能会强化来访者对权威的服从，无法促进领悟

希尔模型下的解释，主要用到了精神分析和认知行为的视角，相较其他更偏合作取向的流派，这两个流派的助人者的工作方式偏权威型，所以希尔模型下的解释也是助人者基于自己的理论流派形成对来访者的个案概念化后，单方面地向来访者传达自己对其议题的解读。这样直给的解释方式，再搭配我国本来就偏权威型的文化，可能会给来访者一种"助人者作为权威在给自己下定义甚至说教"的感觉。尽管希尔模型强调解释的目的是促进来访者领悟，但在有集体主义色彩的权威型文化中，个体被鼓励在关系中迎合甚至服从权威，所以来访者极有可能在内心并不认可助人者的解释，但无法说"不"，只能照单全收，这反而阻碍了来访者获得真正的领悟和成长，也限制了来访者进一步探索自己议题的空间，甚至会进一步固化其顺从权威的人际模式。

助人者给出自认为客观却明显带有偏见的解释

因为解释是主观的，所以不同流派视角下的解释一定带有本流派的价值观和局限（比如，传统精神分析流派认为，所有心理问题的根源都与性欲望有关，这是一种可能但不是唯一的可能），还夹杂着解释者个人及其所处文化的价值观与偏见（比如，疫情尚未在欧美引起高度重视时，欧美助人者会把华裔来访者提出的戴口罩、通风、改成线上会议等要求解读为来访者的过度焦虑，让来访者感到被误解且百口莫辩）。尽管希尔模型也强调了给出的解释不必完全准确，只需看起来有道理即可，但这说明希尔也认为，解释是凭借某个理论中的假设，结合来访者提出的素材进行关联推理，这种推理没有正确错误之

分，但助人者可以通过自己对来访者的影响力，让来访者觉得自己的解释有道理。希尔模型强调助人者解释的权力，而不是来访者定义自己经历的权力。如果助人者意识不到自己拥有影响来访者判断的能力，或在使用解释的权力时缺少觉察，就容易给来访者带来伤害。助人者对来访者进行"野蛮分析"，就是助人者滥用解释权力的一个典型的例子。

精准的解释可能会降低本土来访者的主观能动性

如前文所述，我们文化下的来访者可能会对助人者给出让自己茅塞顿开的解释有很高的期待，当助人者如来访者所愿给出了让来访者觉得精准甚至醍醐灌顶的解释时，可能反而强化了来访者对助人者的理想化，进一步增加了来访者对助人者的依赖，让来访者期望助人者继续给自己"投喂"、指点迷津，自己只需要被动接收就好了。这样一来，反而降低了来访者的主观能动性，让来访者更难投入精力、努力以实现自己想要的改变。相反，当助人者给出的解释是关于来访者适应性较低，或较刻板的认知、行为、情绪模式时，解释越精准，那种自己的弱点被一眼看穿甚至被揭露的失权感可能会越重。比如，在认知行为疗法中，助人者指出来访者的不合理信念，有可能会让本身就容易自我责怪的来访者进一步否定自我。

新手助人者无法给出解释的挫败

希尔模型下的解释技术非常考验助人者在咨询当中快速整合信息、进行个案概念化的能力，需要助人者有充足的理论知识和实操经验的积淀。我们在教学中发现，新手助人者仍在搭建自己的理论框架，尚未学会做个案概念化，此时，如果让他们在咨询当下给出希尔模型下的解释就会非常困难，让他们给出一个让来访者恍然大悟、茅塞顿开的解释更可以说是"几乎不可能完成的任务"。同时，希尔模型又强调了解释对于领悟阶段的重要性，这在无形中给新手助人者带来了很大的压力：如果解释成了助人过程的规定动作，而这项技术本身又超出了新手助人者所在阶段的胜任力，就会让新手助人者感到很挫败，同时为了证明自己，使其生搬硬套地做解释，反而失去了在场的状态，陷入为了做解释而解释的困境。

对解释的本土化视角重构

> ⭐ **本土化视角重构后的定义**
> 解释指助人者向来访者分享自己对于他的理解和假设，抛砖引玉，邀请来访者进一步厘清或理解自己的认知、行为、情绪模式，并尝试一起建构看待自己的新视角。

经过本土化视角重构后的解释，强调解释是来源于助人者对来访者议题的理解。有不同流派受训背景的助人者对于同一议题的解读方式极有可能不同；哪怕是同一流派的助人者，也可能会因为个人特色、价值观、处于执业生涯的不同阶段等原因，对同一个议题给出不同的解释。因此，解释不是助人者单方面地给来访者输出自己的见解，而是助人者尝试通过分享一个基于自己价值观和理论取向的对来访者议题的假设，邀请来访者来厘清、探索这个假设对来访者自己现存的认知体系、看待世界的视角有怎样的影响，并觉察是否有机会与来访者共同建立理解、看待自己的新视角。

本土化视角重构后的解释，关注助人者在做解释时如何善用解释的权力，鼓励助人者在使用解释的权力时觉察自己的意图、释放自己影响力的方式，以及来访者对这种影响力的反应，并通过强调解释是助人者的主观认知来降低助人者把自己的价值观强加给来访者的可能性，并在为来访者提供不同视角的同时，邀请其主动参与到建构看待自己的新视角中。我们把解释拆解为以下五个循序渐进的步骤，让新手助人者也能逐步地发展、练习出解释的能力。

第 1 步：在重述和情感反应中加 0.5 步的引领

相较直接引用来访者的原话进行重述或情感反应，可以把带引领的重述和情感反应比喻成助人者根据自己的专业经验积累和对来访者的理解，呈现来访者想说但没有清晰表述的内容。来访者在咨询中对事件的叙述、对感受的表达可能是跳跃的、支离破碎的、有很多细节但主题不明确的，有时也会出现来访者在叙述了一段后也不太清楚自己究竟想表达什么的情况，以及因为所涉及内容唤起了来访者的羞耻感，在叙述过程中被有意识或无意识地筛选了。这个步骤中的"引领"指助人者在进行重述或情感反应时加入了自己对来访者的理解，但加入的量是 0.5 步，即只在来访者目前的位置往前走半步，这样助人者既不会完全脱离来访者，又能把咨询向前推进一点。就像在足球比赛中，有经验的球员会预判队友跑位的方向，直接把球踢到队友即将到达的位置。助人者根据自己对来访者的共情，预判来访者话语背后未直接说出来的意思或感受，并把这个假设分享给来访者，邀请来访者进一步梳理和明晰自己表达背后的情感和想法。由于重述和情感反应是之前的章节已经练习过的技术，因此现在只需要在重述和情感反应的基础上加入一点自己的理解和猜测即可，哪怕是新手也能上手。

带引领的重述指呈现助人者理解的来访者言语背后没有表达出来的想法，或来访者叙述背后的核心信念。带引领的情感反应指在助人过程中，情感的探索常常从一些比较表面的感受到更为深沉的感受，根据情感的深度和情感流动的链条，呈现更为深处和隐蔽的情感。

> **示例**
>
> 案例背景提示：静婷的第五次咨询。
>
> 静婷：老师，这几天孩子又总是完不成作业，我又发了好几次火。老公破天荒地来安慰我，叫我不要这么焦虑，说就算孩子学不好也没关系，现在就算读到博士毕业，也有一大把找不到工作的，但我怎么听后反而更窝火了。昨晚没睡好，到现在还觉得胸口很堵。
>
> 助人者：你似乎并没有感到得到了安慰，反而有种被责怪的感觉（带引领的情感反应：静婷只是说自己感到窝火，但不清楚为什么，助人者猜测是静婷感受到的是责难而不是被安慰），是吗？
>
> 静婷：好像是这样的，就是觉得没有被安慰到，反而吃了个哑巴亏，但又忍不住想，我是不是的确太焦虑、太小题大做了？
>
> 助人者：你吃了个哑巴亏，似乎在说连老公都破天荒地来安慰我了，我怎么还不知足（带引领的重述，助人者分享自己听到的静婷的言外之意），是吗？
>
> 静婷：是的，好像觉得他来安慰我就只是为了堵住我的嘴，这样我就不会吵到他了。可是我是不是不应该这么想他啊？是不是还因为我太焦虑了？
>
> 助人者：你有点不确定是你老公的问题还是你自己的问题（带引领的重述：助人者更清晰地呈现静婷的疑惑），是吗？

> 静婷：（叹气，陷入沉默）
>
> 助人者：你内心挺纠结的，所以会窝火（带引领的情感反应：助人者反馈自己体会到的来访者内心两个声音之间的张力），是吗？

第2步：找主题

在第1步的基础上再加0.5步，提炼来访者想法、情感、行为背后反复出现的主题，以及来访者不断重复的模式。动力流派的助人者找出来访者的防御、移情模式，人际历程流派的助人者找出来访者的人际互动模式，认知行为流派的助人者找出来访者的核心认知，叙事流派的助人者找出来访者的支线故事，女性主义流派的助人者找出来访者内化的厌女模式，都属于第2步的范畴。这一步是在为做个案概念化做准备。

示例

> 静婷：就是觉得堵得慌，像是有块大石头卡在胸口，但又没力气把它移走。老师，你说我到底是太焦虑了，还是能力不够、管不好孩子呢（叹气）？
>
> 助人者：似乎不管怎么样，你都觉得问题出在自己身上（助人者试探性地向静婷反馈这五次咨询观察到的静婷总是自责的模式），是吗？
>
> 静婷：难道不是我的问题吗？

第3步：找联系

找出来访者反复出现的主题及行为模式，与其成长经历、生活重大事件、社会文化背景等之间的联系。这一步已经开始在做个案概念化了，无论是哪个流派，个案概念化都需要清楚说明两点。

- why（为什么）：解释来访者的困境是如何形成的。
- how（怎么办）：改变如何发生。解释的第3步，是在做个案概念的"为什么"这一步。

示例

助人者：你是从什么时候开始总是觉得是自己的问题的（当助人者找不到清晰的线索时，也可以提问，邀请来访者以其视角来思考）？

静婷：我好像一直都是这样的，小时候在别的小孩玩时，我都是在学习。稍有一点走神，就会被父母骂不专心。哪怕考了全班前五，但没进年级前十，也要反思自己出了什么问题。我总感觉自己浑身上下都是问题，不敢有一丝松懈。

助人者：父母对你苛刻的要求，让你觉得自己浑身都是问题（助人者找出来访者总是自责和父母养育态度之间的关联），是吗？

静婷：你这么说好像是这样的，但父母也是为我好，要求虽然高了点，但也逼得我不断努力以达到他们的要求，所以我后来学习和工作都挺不错的，嫁的老公条件也不错。唉，只是在养孩子方面，我彻底让大家失望了。

助人者：你似乎一直在满足家人对你的要求，很少听你说自己有什么需求（回到第2步，分享助人者观察到的来访者的另一个模式）。

> 静婷：我的需求吗？就是不想让他们失望，也不能让他们失望吧。
>
> 助人者："他们"是谁（通过重述关键词来提问，邀请静婷来界定她需要满足哪些人的要求）？
>
> 静婷：小时候是父母，现在除了父母还有老公、婆家，学校对家长也有要求，其实妈妈之间也在互相较劲，我也怕现在没教好孩子，他长大后会怪我。
>
> 助人者：有这么多人的要求要满足，确实没有空间去想自己的需求是什么了（助人者找出静婷忽视自己需求和身边不同人群对她的各种要求间的关系）。

第4步：提出新的可能性

用非责难的、肯定来访者长处的视角，重新解读来访者的困境，为来访者提供新的视角和可能性。这一步是做个案概念化的"怎么办"的步骤。

示例

> 静婷：我从来没想过这个问题，也从来没有人这么问过我，当妈以后每次把孩子哄睡了，就有种脑子和身体都转不动了、只想躺着的需求。唉，但这应该算不上需求吧，我现在太不上进了。
>
> 助人者：或许通过刷手机放空就是目前你身体真实的需求（把来访者对于自己刷手机的责难，重构成来访者在照顾、重视自己的需求）？

在实际的助人实践中，会谈过程并不需要像示例一样按照四个步骤逐一推进，新手助人者可以反复做第 1 步，直到发现主题为止。对于新手助人者来说，在咨询中进行快速的个案概念化是非常困难的，可以把第 3 步、第 4 步留到督导中，在督导的带领下进行，然后在下一节咨询中再试着和来访者分享自己看到的视角。

第 5 步：核对

做出解释后，解释并没有结束，还需要通过观察或直接进行即时化的提问来核对自己给出的解释是否在来访者的理解范围内，这也是助人者很容易忽略的步骤，我们放在本章难点的第二个疑问中进行重点讲解。

刻意练习 38 带引领的重述和情感反应（自我督导型的刻意练习）

选取咨询实践中 3~5 分钟的片段，借助录音或回忆做成逐字稿。对来访者的每一段表述，尝试同时做带引领的重述和带引领的情感反应，并写在逐字稿中。做带引领的重述时，可以根据来访者的表达猜测来访者没有表达出来的想法、行为、意图、动机或需求是什么。做带引领的情感反应时，如果来访者的表述没有涉及感受，就可以试着去体会来访者在这一刻可能会有怎样的感受。如果来访者的表述中涉及感受，就可以尝试在此感受的基础上再往前一步，体会来访者在当前感受背后有什么更深的、不易察觉的情感。

逐字稿模板如表 12–1 所示。如果对于某一段表述实在无法同时做出带引领的重述和情感反应，那么可以做其中一项，但尽可能两者都做，从而最大效率地发挥刻意练习的作用。

表 12–1　　　　　　逐字稿模板

序号	来访者的表述	助人者做带引领的重述	助人者做带引领的情感反应
1			
2			
3			
4			
5			

刻意练习 39　找主题[①]

继续使用练习 38 中的逐字稿和个案，回答以下问题。

- 逐字稿的主题是什么？可以通过来访者反复使用的词汇或表达、多次提到的事件或人物、反复出现的想法或感受，或者来访者多次想表达但又未能清晰表达的内容，提炼逐字稿的主题。
- 重新阅读你和来访者到目前为止所有咨询的咨询记录，体会这个主题背后可能体现出来访者怎样的情绪、认知或行为模式。
- 运用你遵循的流派的视角，提炼出来访者的核心模式。比如，动力流派可以找出来访者的防御机制，认知行为流派可以找出来访者的核心信念，人际历程流派总结来访者的人际互动模式，女性主义流派可以找出来访者内化了什么样的厌女范式等。

---

① 若单独完成此练习有困难，可以在督导的带领下进行。

刻意练习 40　找联系[1]

继续使用同一个案，回答以下问题。

- 刻意练习 39 找出的主题与来访者的成长经历可能有怎样的联系？成长经历包括但不限于：父母及其他抚养者的养育方式、与家庭其他成员的关系和互动、接受的教育等；来访者成长过程所处的时代背景和社会大环境，考量这些大环境有着怎样的氛围，这些氛围又会对来访者造成怎样的影响（比如，来访者是成长于改革开放年代的沿海地区还是 21 世纪初的东北农村）。
- 刻意练习 39 找出的主题与来访者经历的生活重大事件（比如，童年或成年后来访者经历的创伤性事件，或者对来访者来说意义重大、记忆深刻的事件）可能有着怎样的联系？
- 刻意练习 39 找出的主题与来访者当下的生活状态（比如，来访者当下的学业、工作、生活状态、亲密关系、亲子关系、家庭关系、友情等）可能有怎样的联系？
- 刻意练习 39 找出的主题与来访者在权力、资源上的优劣势有怎样的联系？可以先运用刻意练习 5 中的权力之轮，梳理出来访者在权力上的优劣势，再来找出联系。

如果因为缺乏相关信息而难以直接找到以上联系，就记录下在之后的工作中，可以通过与来访者进一步探索哪些方面的内容、补充哪些缺失的信息来找出联系。

---

[1] 若单独完成此练习有困难，可以在督导的带领下进行。

刻意练习 41　提出新的可能性[1]

继续使用同一个案，回答以下问题：

- 来访者现有的认知、行为、情绪模式，带有怎样的评价、责难、病理化个体的视角？
- 来访者现有的认知、行为、情绪模式，可能忽略了来访者所拥有的哪些资源和长项？
- 对于来访者的困境，可以提出怎样的新的视角？
- 可以与来访者共同完成哪些探索，发现新的视角？

并不是所有流派都会做"提出新视角"这一步，助人者可以根据自己流派的风格，选择要不要做这一步。后现代各流派多会提出新的可能性，比如，从资源取向的视角去挖掘被来访者忽略的资源、提倡个体有去定义自己经历的权力，从而挖掘个体不同于主流叙事的叙述版本，以及用非责难的视角对个体经历过的责难进行重构等。

刻意练习 42　铁三角刻意练习

设置：

- 三人一组，每轮30分钟（其中角色扮演15分钟，讨论15分钟），一共三轮；
- 成员轮流扮演助人者、来访者和观察者。

助人者扮演要点。助人者刻意练习解释技术，并试着按照解释的步骤循序渐进地练习。比如，重复做几次带引领的情感反应和重述找

---

[1] 若单独完成此练习有困难，可以在督导的带领下进行。

到主题，再找出联系，最后提出新的可能。如果在练习当下找出联系或新的可能比较困难，那么可以把这两步留在讨论中进行。

来访者扮演要点。可以讲述一段后稍做停顿，给予助人者扮演者更多做个案概念化的时间。

观察者扮演要点。记录下助人者所说内容的逐字稿，便于讨论中逐句反馈、讨论，并觉察助人者进行了哪几个步骤的解释，解释的方式是不是来访者能听懂的，解释的内容是否在来访者可接受的范围内，来访者听到解释后有怎样的反应，助人者是否关注来访者听到解释后的反应或直接和来访者核对来访者在听到自己的解释后有什么感觉。

刻意练习 43　体验解释的多元性

对于同一段表达，不同的助人者根据自己的流派、价值观、个人特质等主观因素，可能会给出不同角度的解释，而解释切入的视角不同，也很可能把咨询带往非常不同的方向，这是助人者通过解释影响来访者的一个例子。本练习让参与者直观体验助人者在解释时拥有的对来访者的影响力，从而帮助助人者更敏锐地觉察到自己拥有的这个权力。

在刻意练习 42 中进行反馈时，每一轮的观察者都需要尝试提出一个与助人者扮演者不同方向的解释，然后与来访者扮演者进行几轮扮演，感受在解释的方向转变后，会对咨询方向带来怎样的影响。

本章难点

问： 我感觉解释这项技术很难很快上手，尤其是对于新手来说，容易产生挫败感，怎么办？

答： 虽然本书给出了循序渐进地做解释的步骤和思路，

但解释考验的个案概念化能力是需要积累的。因此，解释不属于新手当下就能掌握的技能。对于渴望掌握解释技术的助人者来说，可以多创造练习、实践的机会，通过和督导、同辈讨论来培养个案概念化的能力。通过时间的积淀，熟能生巧。此外，新手助人者常常陷入把自己与成熟助人者进行对比的误区，从而产生挫败感。这种比较本身就是不公平、不合理的，就像一个刚学会游泳的人想和国家一级游泳运动员在泳池中一决高下一样。我们鼓励新手助人者用资源取向的视角重新解读自己目前无法娴熟使用解释的状况，用对自己更加共情和接纳的态度拥抱这样的现实：自己在助人者工作中一定需要经历不断试错，才能慢慢学会如何做一个助人者。

问：如何给出来访者能理解的解释？

答：第一，要觉察自己给解释的意图，要做到能促进来访者进一步理解自己，而不是出于助人者自己的需要。有的时候，有些助人者会为了展现自己的权威、胜任力，或证明自己是对的，在缺乏对来访者了解的情况下就给出专断的解释，且在被来访者否认后，进一步野蛮分析来访者不接受自己解释背后的动力。比如，来访者的主诉情绪是焦虑，来访者脸上长了青春痘且经常去健身房，助人者就据此武断地认为来访者的情绪问题是由于性欲没有满足造成的。来访者对此表示疑惑后，助人者进一步断定，由于来访者的超我在压抑本我的需求，因此来访者的自我没有意识到自己的性需求。还有的时候，助人者在督导的帮助下对来访者有了更深一步的理解，就急着想赶快让来访者也收获这些新视角，却忽略了这部分内容可能远超出来访者现阶段可以接受的范围。比如，在本章静婷的案例中，助人者和督导一起对静婷的个案概念化，意识到静婷对自己的高要求可能不仅来自父母的严格要求和高期待，还来自我们的文化对于"好妈妈"的超高标准。助人者如果在下次咨询中立刻把这个可能性反馈给静婷，也许就会让静婷有一种听天书的感觉，因为现阶段的静婷还处于几乎完全认同父母要求的阶段，还没有空间去看到自己的需求，也暂时没有空间去进一步反思文化对于"好妈妈"的标准是否也有不合理的地方。

第二，助人者在形成对来访者的假设时，不能只是一厢情愿地依靠自己流派的理论框架，还要基于来访者言语及非言语给出的信息。当来自来访者方面的信息不足时，需要先搜集再调整假设。比如，上文提到的主诉是焦虑情绪的来访者，如果完全没有提到自己性生活的情况，那么助人者可以先询问。如果来访者表达自己的性生活很正常，那么助人者就能知晓，这至少说明目前不是解释来访者的焦虑和性欲之间联系的时机。来访者反复使用的词汇或表达内容、多次提到的事件或人物、反复出现的想法或感受，或者来访者多次想表达但又未能清晰表达的内容，都是有助于助人者形成对来访者假设的重要信息。本章给出的解释五步骤，每一步都只是在来访者的叙述上加入0.5步的来自助人者的理解，也能帮助助人者在做解释时，不会离来访者的理解范围过远。

在助人者给出解释后，还需要与来访者进行核对。可以通过观察来访者收到解释的反应来判断解释是否在来访者的雷达范围之内。比如，来访者可能会通过以下言语或非言语表达对解释的认可：用力点头、长舒一口气、沉默片刻后微笑、说"是这样的",或者顺着助人者解释的方向进一步阐述。来访者还可能会通过以下直接或含蓄的方式表达对解释的不理解、不同意："啊,不是吧?""啊,我不知道""也许吧,可能吧,但是……"、皱眉、表情疑惑。还有一些反应,既可以表达对解释的认可,又可以表达对解释的不认可,这就要助人者结合来访者通常的表达风格和后续的反应来综合判断。比如,同样是沉默,来访者可能是因为被说中了而陷入沉思,也可能是因为不好意思直接否认助人者的解释而尴尬地陷入沉默。再比如,同样是一句"嗯,嗯",如果来访者平时的表达风格就是低语境的直接表达,那么此时很可能也是在表达认同;如果来访者平时就是高语境的风格,那么此时的"嗯"可能是委婉地表达不同意。当助人者拿不准来访者对自己解释的反应时,也可以直接通过即时化的提问进行核对,比如:"不知道你听到我刚才的说法有什么反应?""看到你刚才皱了眉头,好像有点疑惑,是吗?"

❖ 反思:方言在助人工作中的运用

- 在本章开头提到的各种日常在生活情景中,人们是如何应用其所在区域的方言进行解释的?哪些表达会给人们一种权威的或含有潜在评判的感觉?哪些表达更贴近人们的理解,更容易被人们接受,能让人们感到被支持?
- 试着用方言做一节有关解释的角色扮演,觉察自己在用普通话和方言解释时,有哪些异同。

第 13 章

技术 9：即时化

即时化技术，也是"元沟通"（meta-communication）的过程。这里的"元"（meta）是"关于、超越"的意思，指关于沟通本身的沟通，所以元沟通涉及对沟通过程中的言语、非言语行为、环境等因素的解释和理解。人类学家、社会学家、家庭治疗师的格里戈里·贝特森（Gregory Bateson）提出了"元沟通"的概念。他在研究人类沟通模式时发现，言语内容本身并不是沟通的全部，言外之意、环境和非言语所传递的信息同样重要。同样一句话，搭配不同的背景信息、非语言，可能会传递完全不同的意思。比如，"今天天气真好啊"，在天气确实好时，是在赞美天气不错；当天气很糟糕时，则又可以反讽糟糕的天气。

当今的中国社会充满着东西方文化的交流与碰撞，因表达习惯的语境的高低不同，会产生很多冲突。比如，长辈可能更习惯高语境、含蓄、间接的沟通方式，当晚辈没有帮忙做家务而生气时，可能不会直接表达，而是通过冷战、抱怨"家里怎么总是这么乱""我最近特别累"，或当着晚辈的面给第三方（比如朋友）打电话，说"养孩子有什么用，最后还不是自己遭罪"来间接地表达对晚辈的不满。习惯低语境、有话直说的晚辈听到后，可能会因觉得被阴阳怪气了而感到不爽，还会觉得因和长辈沟通千回百转而心累。但通过使用元沟通的视角，低语境者可以更有意识地去理解高语境者说话的场景背景、非言语等传递出的言外之意，并在理解后，有意识地选择高语境的方式去回应。而高语境者也可以通过尝试元沟通提倡的坦诚地对沟通过程进行沟通，突破高语境有话不能直说的局限。毕竟，让高语境沟通能够高效的前提是参与沟通各方对于如何解读言外之意是有共识的，但在当今不同地域文化、世代间文化代沟、性别视角差异、中西文化碰撞等不同亚文化交织、冲击的中国社会，这种共识很难共享，要想让自己的表达被理解，就要在一定程度上借助一些关于元沟通的技能，从而更自如地在高语境、低语境这两种沟通方式中灵活切换。

对即时化技术的去殖民化思考

> **克拉拉·E.希尔的定义**
> 助人者表露他们当下对来访者的感受、对自己的感受，或者对治疗关系的感受。

希尔模型下的即时化技术带有非常明显的独立我视角，基于清晰的"你"与"我"的边界，助人者作为独立的个体，表达"我"对"你"的感受，以及"我"对"我们"的关系的感受，这会让习惯了用"我们"（即互依我视角）的来访者感到疏远、陌生。而在本土文化中，助人者更容易被本土来访者视为类似医生、老师这样的专家，当助人者按照希尔模型的方式，不做任何铺垫、说明，直接表露自己当下对来访者的感受时，很容易让来访者感到被评判甚至批评。同时，即时化中包含的对沟通方式进行的元沟通，这部分不管是在高语境还是在低语境文化中，都打破了社交场合的默认习惯，在日常生活中，我们很少有针对说话时的表情、语调、意图、人际模式等各种隐含的信息进行直接沟通的经验，因此，即时化技术的运用不仅对本土来访者来说是不小的挑战，对本土助人者亦然。

不过，在助人工作中使用即时化技术有一个十分独特且显著的优势：助人工作默认的方式是来访者向助人者讲述自己在过往生活中的经历、体验、挑战，即来访者彼时彼刻的故事，因此，助人者了解到的来访者的世界，是带了来访者视角的滤镜的，因为助人者并不是来访者彼时彼刻经历的亲历者，所以无法去核对、澄清来访者在与他人沟通过程中可能出现的误会、误读。而即时化技术把焦点拉回到助人者与来访者彼此在此时此刻互动中的体验，助人者和来访者都是亲历者，可以更高效地就当下发生的状况进行表达、澄清、核对。

对即时化的本土化视角重构

> ⭐ **本土化视角重构后的定义**
> 即时化指带着增进彼此关系的意图，邀请来访者和自己一起分享彼此在此时此刻互动中的体验，并探索双方的行为、人际模式是如何影响彼此关系的。

在对即时化进行本土化视角重构时，我们使用互依我的视角，强调即时化的目的不是助人者单方面向来访者进行有关当下的表露，而是带着增进我们关系的意图，双向分享彼此在互动中的体验。助人者在使用即时化技术时，需要开启更广阔的视角进行倾听，可以想象自己有一个无人机视角在天空拍摄，下面无论发生了什么，只要在镜头的视野范围内就全都会被拍到，类似于正念禅修中培养的第三视角。带着无人机视角去倾听，可以让助人者以亲历者的身份在与来访者互动的同时，仍有余地去觉察自己的体验、来访者的反应，以及关系的状态。而使用即时化技术，就像是按下无人机的快门，拍下当下瞬间的快照，再用言语或非言语把快照中重要的内容表达出来。

静婷案例第五次咨询的背景提示如下：

静婷和助人者分享自己最近又因为儿子不能快速完成作业发火了，但老公的安慰却让她"胸口堵得慌"。助人者通过不同程度的解释，反馈静婷容易自责的模式，并试探性地提出此模式和静婷父母对其苛刻的要求有关。助人者还反馈说，自己很少听到静婷讲述自己的需求，并推测这是因为静婷需要满足太多其他人的需求，完全没有空间去容纳自己的需求了。在第五次咨询接近尾声时，助人者试着使用即时化向静婷核对听到解释的感受。

第一大类：对非言语信息的即时化

方式1：对来访者的身体语言进行即时化

把谈话的焦点拉回当下最快捷的方式之一，就是直接描述反馈来访者此时此刻比较突出的身体语言。我们往往更容易加工、筛选言语的表达，但非言语总是会多少露出点"马脚"，如实地传递一些未被过度加工的重要信息。因此，无人机视角可以刻意关注来访者非言语出现的一些明显的变动，比如突然皱了一下眉、突然不自觉地做了个深呼吸、叙述的语速发生了变化等,并用好奇、非评判的口吻把这个观察反馈给来访者,邀请来访者觉察其身体语言背后可能表达的内容。

> **示例**
>
> 助人者示例1:我看到你在说"老师"时,身体向我这边倾了过来。
>
> 助人者示例2:静婷,你刚才似乎撇了一下嘴,我很好奇这个撇嘴在表达什么?

对于习惯高语境沟通的助人者来说,相对于其他方式的即时化,对来访者的身体语言进行即时化相对容易上手,也不需要个案概念化作为支撑。我们把它作为呈现即时化的第一个方式,也是为了降低读者对即时化的畏难情绪或紧张感,让读者可以通过练习掌握这种即时化,从而对使用即时化技术更有信心。同时,这种方式的即时化有留白的效果,因为助人者只是如实地呈现来访者的身体语言,没有对来访者背后的意图进行任何的推测、解释,把是否要回应、从什么角度回应的选择权交回来访者的手中,也留出了高语境沟通中"看破不说破"的空间。

对来访者的身体语言进行即时化也是我们日常生活中不太常用的方式,可能会让某些只习惯高语境沟通的来访者或者把助人者视为绝对权威的来访者感到被无死角地审视,甚至感受到被侵犯,从而更加防御。比如,案例中的静婷就可能在听到助人者的即时化反馈后,会有意识地控制自己,尽量不再撇嘴。如果助人者发现来访者对这种即时化不太耐受,就可以先即时化地表露自己的动作、体验、想法,然后对来访者进行即时化,之后公开透明地分享自己这么做的意图。通过对关系中的双方都进行即时化，可以降低只是一方对另一方即时化带来的压迫感，比如："当你说你从来没想过这个问题的时候，我发现我叹了口气，然后看到你也撇了一下嘴，我有点好奇咱们俩的动作在表达什么？"助人者呈现身体语言信息的语气和态度也很重要，同样的一句话，如果助人者带着好奇、邀请的态度表达，可能就会让来访者感受到被看见、关注、尊重；如果助人者带着权威、点评的语气表达，则更可能会让来访者感到被指责、侵犯。

第二大类：对咨访关系的即时化

方式 2：对发生在当下的咨询过程提问

这个方式就是邀请来访者分享对咨询过程、助人者、咨访关系的感受。

这个方式在提问中有涉及，作用是带着对于彼此关系的珍惜，直接邀请来访者对于沟通本身进行沟通，创造与来访者核对、发现误会、澄清误会的机会。这个方式在助人者进行了一些可能会让来访者感受到张力、评判的回应时非常好用，但由于来访者容易把助人者视为权威，因此我们的文化中也很少进行有关沟通的沟通，期望来访者能直接表达自己感受到被助人者评判等不舒适的体验非常困难，需要通过助人者直接发起邀请来作为助推。比如，对习惯高语境沟通的来访者进行方式 3 所涉及的一些咨访关系中张力的即时化情感表露，有可能会让来访者感到被评判，助人者可以在表露后邀请来访者分享自己听到此段表露后的感受，创造进一步沟通的机会。

> **示例**
>
> 助人者：其实我今天很努力地想让你看到一点点你自己的需求，不知道你的体验如何（对于本次咨询中助人者做解释的尝试可能对静婷带来压力，进行即时化的针对过程的提问）？
>
> 静婷：（沉默一阵儿后）从来没有人问过我，我的需求是什么，这个问题我不太能回答得上来——有一种说不太清楚但不知道为什么还有点难过的感觉。老师你说我这样正常吗？
>
> 助人者：静婷，你现在这种懵懵的状态是很正常的，当我们尝试用完全不同的视角去理解自己时，是会感受到冲击的，你愿不愿意允许自己在接下来的一周内慢慢消化一下，然后在我们下次见面时，再来看看你是什么状态（助人者发现静婷似乎觉得自己有这种说不清楚的状态不太好，也暗示了助人者的解释确实有可能让静婷感到了要说清楚自己需求的压力，于是通过解释静婷当下发懵状态背后可能存在的原因，来正常化静婷当下的体验）？
>
> 静婷：这次咨询快结束了，那我试着先自己消化一下吧。

方式3：助人者即时化地表露自己对来访者、对咨访关系的感受和体验

这个方式在情感表露中有涉及，目的是通过助人者表露自己对来访者以及彼此关系的体验，邀请来访者和自己一起聚焦此时此刻的联结，并坦诚地分享对彼此言行的体验，为来访者提供看待自己的新视角，也是助人者示范如何对沟通本身进行沟通。在高语境和互依我视角下的沟通环境中，我们一方面很在意自己的言行对他人造成了怎样

的影响，另一方面又很少有机会直接听到他人对于我们言行方式的感受，只能自行揣摩，但这样的揣摩可能会被自己的思维模式局限住，还可能被我们所处文化的固定视角限制住，自己推测的情况与对方实际的体验可能大相径庭，没有坦诚地沟通有效。

> **示例**
>
> 　　静婷案例背景提示：静婷的第六次咨询。
>
> 　　助人者：在上次咨询中，我试着让你看到你自己也是可以有需求的，结束时你的状态看起来懵懵的，不知道你消化了一周后，现在如何（继续针对过程提问，一开场就把咨询的方向带向上一节未完成的议题）？
>
> 　　静婷：上周讲了什么我不太记得了，你这么说我好像有点印象。上次咨询完，我在回家的路上有一种"我不知道我是谁"的感觉，但一到家我就意识到，我是孩子的妈妈，然后就忙起来了。上周没有收到老师的告状，但孩子还是那样，只要一学习就出各种状况，有几次我真的觉得管不动了，随即又被自己有这样的想法吓到了，然后赶紧去盯着他。
>
> 　　助人者：听到你说除了是妈妈外，你都不知道自己是谁了，我感觉心里有点堵。听到你说你到家意识到自己是妈妈后，好像理所当然地就忙起来了，我又感觉挺心酸的（即时化表露自己听到静婷分享的体验，表达心疼静婷的辛苦的同时，也在含蓄地表达，静婷或许不用理所应当地觉得自己只是妈妈，以及身为妈妈就应该忙）。
>
> 　　静婷：我必须忙起来啊，他爸爸是个甩手掌柜，唉！
>
> 　　助人者：这个"唉"似乎在说你也是不得已才这么辛苦的，其实是希望他爸爸多少能搭把手的（通过带引领的重述和情感反

> 应，对静婷的非言语"唉"进行解释，看到静婷看似理所当然背后的无奈），对吗？
>
> 静婷：（陷入沉默）

还有一些人，由于长期处于权力高位或过深地陷在自己的视角或困境中，他们可能理解不了，或者说也不需要理解他人委婉地对自己提出的反馈，从而造成了人际困境。对这样的来访者进行坦诚的即时化的表露，可以为来访者提供一个反观自己、觉察自己的行为模式的机会。

示例

> 助人者：这是我们第一次见面，但你对我的受训背景、资质、年龄和经验都挑出了毛病，我感受不到你对我的基本尊重，也不确定我们是否有共识合作的基础。

方式 4：对来访者呈现在咨访关系中的行为模式进行即时化

当助人者观察到来访者在关系中反复呈现的行为模式时，可以在当下反馈给来访者。助人者作为来访者行为模式的第一经验人，可以更直接有效地和来访者一起探索这种行为模式的功能和局限。比如，助人者观察到每次邀请来访者分享和妈妈的关系时，他都会岔开话题，或者在助人者休假回来后，来访者连续迟到了两次。助人者会试着把来访者的"岔开话题""连续迟到两次"的重复行为直接反馈给来访者，这种方式的即时化会给关系带来一定的冲击，因为在日常生活中，类似的表达方式通常出现在家长、老师、领导批评孩子、学生、员工的场景中，来访者可能没有经历过非评判的、只是如实呈现其行为模式的表达，助人者可以在使用好奇、非评判的语气的同时，先透明化说明自己的意图，再反馈行为模式。

> **示例**
>
> 助人者：不知道你听到我说心里有点堵、又有点心酸是什么感觉（对过程进行即时化提问，与静婷核对，静婷听了自己之前即时化的表露后有什么体验）？
>
> 静婷：老师，太抱歉了，让你不舒服。
>
> 助人者：你的第一反应是抱歉，我对此感到挺心疼的，这似乎在说你不能让我有任何的不舒服（助人者对于静婷的回复进行即时化的情感表露，并通过带引领的重述来解释静婷反馈背后的假设，也是在即时化地呈现静婷的行为模式）。
>
> 静婷：老师你怎么反而会心疼我呢？
>
> 助人者：因为我觉得哪怕是在这里，你付费来咨询，也是更多地在照顾我的感受（更清晰地即时化呈现静婷倾向照顾他人感受的模式）。
>
> 静婷：（陷入沉思）

方式5：关联来访者在咨访关系内外人际互动和行为模式

来访者主要的行为模式很有可能既出现在生活场景，又出现在咨询室中。对于来访者来说，咨询只是其生活的一小部分；对于助人者来说，在咨询室中和来访者互动的一小时，是了解来访者的唯一窗口，要想高效地用到这个仅有的窗口，就要把来访者在咨询室中的讲述与来访者和助人者直接互动中的状态联系起来。包括：和来访者一起觉察其叙述中讲到的在自己生活中的人际互动、行为模式是否重现在咨访关系中，这样助人者不仅可以通过来访者的视角，还可以通过自己一手的观察、体验理解来访者，也可以直接在咨访关系中和来访者一起修复调整其模式；带着好奇的视角，观察来访者在咨访关系中出现的模式是否也会出现在日常生活中，这样就有可以用助人者的视角弥补来访者对自己认知中的盲区，与来访者一起建立对其更完整的理解。举例如下。

- 助人者：我记得你以前也提到过，你对他人的拒绝会比较敏感，今天还有让你感受到被我拒绝或评判的时候吗（关联咨询外到咨询内）？
- 助人者：你刚才提到感觉被我拒绝了，在生活中你也容易感受到被拒绝吗（关联咨询内到咨询外）？

> **示例**
>
> 静婷：（陷入沉思）
>
> 助人者：（和静婷一起沉默三分钟后）静婷，其实我很好奇的是，你会不会认为我对你也是有要求的呢（因为静婷一直在满足家人要求和期待，在咨询中也在照顾助人者的感受，所以助人者通过提问探索静婷是否也会觉得自己在咨询中也要达到某种要求；关联咨询外到咨询内）？
>
> 静婷：肯定有啊，希望我尽快学会控制情绪。但你这么一问，我又有点不确定你对我有什么要求了。
>
> 助人者：其实我最大的希望是，至少在我们的关系中，你可以把我的需求和感受先放一放，学着允许自己去看看自己的需求和感受是什么（通过即时化的表露，给静婷呈现一个解读助人者对其期望的新视角）。
>
> 静婷：（沉默几秒后，不知道为什么突然很难过）

刻意练习 44 培养无人机视角

培养无人机视角可以让助人者在以亲历者的身份和来访者互动的同时，也能觉察到自己的体验、来访者的反应、关系的状态。无人机视角很重要，但也比较有挑战性，需要逐步练习积累。先在没有和他人互动的情景下用预备练习培养无人机视角，熟练后再在与他人的互动中调用无人机视角。

预备练习1：正念呼吸

先用鼻孔进行慢而深的呼吸，吸气时关注空气经过鼻腔时的感受，是暖的还是凉的，是平缓的还是紧促的？接着，意识随着呼吸在体内的流动继续觉察吸气，经过咽、喉、气管、支气管、肺部，最后到达丹田（下腹部）的感觉，再继续关注吸气到胸腔或腹部时此处的起伏；呼气时，关注逐步瘪下去的腹部或胸腔，最后关注吐气经过丹田、肺部、支气管、气管、喉、咽、鼻腔的感受。刚开始练习时，只需练1分钟即可，在熟练运用无人机的觉察视角后，可以把练习的时间延长至2分钟、5分钟、10分钟。

预备练习2：调动五官感受的正念进食

拿一颗糖，先慢慢剥开糖纸，用手摸摸糖纸的质地；倾听糖纸发出的细碎的声音；用手轻轻地触摸糖，感受它表面的质地；认真观察糖的颜色及纹路，比如看到糖是褐色的，还有些微微的透明，并且表面是有条纹的；把糖拿到鼻子近处，仔细闻一闻，是奶味还是水果味，抑或其他的什么味道？再用舌尖舔一下糖，品一品是什么味道，是甜的还是酸的，抑或其他的什么味道？把整颗糖果放入嘴里，觉察整个口腔里充满了糖的味道，也可以用舌头感受其质地。最后，慢慢地咀嚼它，感受其口感的变化，体会味道的层次。吃完后，花一点时间品味这次正念进食是一个怎样的体验。

如果你不喜欢糖果，也可以用话梅等替代。

正式练习：与他人互动中的无人机视角

带着上面预备练习培养的觉察，在一个与他人互动的生活场景中调动无人机视角进行观察。

- 第 1 步：设想一下，此刻有无人机在拍摄你，会拍摄到怎样的画面？包括有关你自己的镜头，以及对方的镜头。
- 第 2 步：觉察一下，在拍摄到以上画面后，如果无人机可以听到你的内心，此刻你的感受是什么？试着描述出来，既可以是身体感受，也可以是情绪感受。
- 第 3 步：觉察你为什么会有这样的感觉，反映了你怎样的内心活动？
- 第 4 步：觉察你此刻的内心活动，反映了你怎样的价值观？

示例

和朋友约好在我家聚会。我在家中正用心地准备午餐，朋友打来电话，说已经到附近的停车场了，正在停车。我出门去接朋友。

第 1 步：我关掉了炉灶上的火，跑出厨房，穿上鞋子，拿起家里的钥匙，出门去接朋友。在跟朋友见面的一瞬间，我上去给了朋友一个拥抱，并看见朋友也在向我微笑，我顺势挽起朋友的胳膊，并夸赞着朋友今天美丽的穿搭，朋友听到我的夸赞后开心一笑，并用胳膊推搡了我几下，我们一起走向住处的单元门口。

第 2 步：
- 身体感受：挽着朋友胳膊的手有些紧，心跳得有些快。

- 情绪感受：我感到自己有些忐忑，还有些兴奋，充满了期待的感觉。

第3步：我发现我非常期待朋友的到来，我很重视与朋友的友谊。可是，我们好久没有聚了，还有些许的不熟悉的陌生感，所以我有些忐忑，很希望能招待好朋友，但又不知道是否可以做到。

第4步：我很重视友谊，因为我觉得在与朋友的友谊中，最能感受到相互关心、平等的感觉，这也是人际交往中我最看重的价值观之一，即人与人之间是平等的，在与朋友的互动中，我认真地实践了这个价值观。

觉察价值观的目的，是帮助我们更坦然地承认自己的视角、价值观，承认自己不是一个白板，而是一个有自己视角、价值观的鲜活的个体。因为即时化技术是传统精神分析强调的"中立客观"的对立面，鼓励助人者坦诚地表露自己当下的感受、想法，和来访者一起核对、澄清彼此对于世界的理解和假设中的相似或不同。在这样的视角下，个体的理解和假设没有对与错之分，但要对此有觉察，知道自己带着怎样的价值观在体验、解读这个世界。无人机视角练习强调的就是在更广阔的视角下，不评价、不判断地进行觉察和描述。

刻意练习 45　小组讨论型的刻意练习

组织3~6名组员一起阅读本章内容，并练习即时化的表达。

设置：可以通过视频或地面的形式举行共读会，根据组员人数决定是 60 分钟、90 分钟，还是 120 分钟。如果是地面举行，那么建议成员围成一个圈而坐，确保都能看见彼此。组员事先阅读本章内容，并选取一段在共读会中分享。共读会开始后，每位组员轮流朗读自己所选段落，并邀请其他成员发表对这段文字的想法和感受，并进行几轮讨论，之后换下一位成员进行朗读。共读会结束前的 15~20 分钟，用来进行即时化表露的练习。可设置一位机动带领者，确保每一位组员都做了发言。

即时化表露练习可以涉及以下这些反馈内容。

- 本次读书过程中，我对谁的发言印象深刻？
- 在本次共读会的过程中，把"我"的视角代入进去后，小组内发生了什么？试着用无人机视角描述。
- 在做即时化表露的此时此地，我有什么样的感觉（身体或情绪感觉都可以）？这种感觉从何而来？

示例

组员 2：

- 我对组员 1 的发言印象深刻。她发言比较多，有很多内容让我有共鸣，所以我对她的发言印象更深一些。
- 今天我自己参与得少一点，只在此刻指定发言的时候才发言了。刚才组员 1 和组员 4 发表了非常不同的意见，我全程都在听。
- 此时此地，我的感觉是有些忐忑不安，心有些怦怦跳，我担心自己发言少会被评价，也因为这轮需要每个人都发言，我感觉到了在公众前说话的压力。

刻意练习 46　逐字稿自我督导练习

选取一段让你感觉与来访者有一定张力的咨询录音或逐字稿，在回听咨询录音或阅读逐字稿时，假设自己为观察者，带着无人机视角，反复听一个截取片段 3~4 遍，并回忆来访者当时的微表情（比如，脸部或身体的动作），同时反思过程（包括体会来访者言语和非言语背后想表达的内容和意图，好奇来访者为什么会在此时此地有如此的表达，以及自己在听到来访者的表达后是什么反应，并反思这样的内容体现了来访者和助人者之间的关系是什么样的状态）。接着识别助人者在节选的片段中用了什么助人技术进行回应，再尝试用即时化的方式直接呈现过程反思的内容，并标明用的是哪种或哪几种即时化的方式。

表 13-1 为逐字稿自我督导练习举例，请在"过程反思"和"尝试使用即时化进行回应"这两列的横线上先试着填写自己的答案，再参考我们给出的示例。

表 13-1　　　　　逐字稿自我督导练习举例

序号	来访者（静婷）	回忆来访者的微表情	助人者	过程反思	尝试使用即时化进行回应
1	老师，你更有经验，你说，我到底该怎么办	用期待的眼神看着助人者，身体前倾	你不知道该怎么办了，是吗（重述）	过程反思：_____ 示例：静婷突然发问，其实是在表达什么	即时化尝试：_____ 示例：静婷，刚刚你说你有点难过，现在你问我要怎么办，我好奇地想问一下，这背后的原因是什么（即时化方式2）

第二部分　用本土化助人技术进行咨询会谈

续前表

序号	来访者（静婷）	回忆来访者的微表情	助人者	过程反思	尝试使用即时化进行回应
2	老师，你老公帮你带孩子吗？你是怎么做到一边带孩子一边工作的呢？想当年我的工作也不错，要是继续干下去到现在也能升到中层，但孩子就没人管了。就我老公那个样子，老师，你觉得他还有可能改变吗		你想知道我的办法和生活经验（重述）	过程反思：_____ 示例：静婷这一系列发问背后反映了她和助人者之间有着怎样的关系	即时化尝试：_____ 示例：静婷，我要分享一点我观察到的现象，可能会对你有一点冲击，如果有不舒服，可以随时跟我讲。我观察到，你似乎希望我作为一个权威，能对你的所有问题提供解决方案（透明化意图+即时化方式4）
3	你为什么总是重复我的话呀？我就是想知道该怎么办，你为什么就不告诉我呢	皱眉，声调变高	你有些着急，不知道为什么我明明有办法，却不告诉你，是吗（情感反应）	过程反思：_____ 示例：静婷此刻的言语和非言语，在表达什么内容	即时化尝试：_____ 示例：静婷，你此刻皱着眉，声调也变高了，我猜，你不仅有些着急，还有些生气了，感觉好像我不理解你的处境。你已经这么难了，我却只是一直重复，不会设身处地地赶紧给你想办法（即时化方式1+情感反应）

191

续前表

序号	来访者（静婷）	回忆来访者的微表情	助人者	过程反思	尝试使用即时化进行回应
4	对呀，为什么你明明有办法，就是不告诉我，到底为什么啊	语气明显不耐烦了	你是不是很困惑（情感反应）	过程反思：_____ 示例： 此刻关系张力继续加大，静婷开始从着急变得既生气又困惑，我在此刻是什么样的体验	即时化尝试：_____ 示例： 静婷，此刻我们的关系好像变得越来越紧张了，我感受到了别无选择的压力，似乎我必须给你一个有效的办法，没有别的出路（即时化方式3）。同时，我也好奇，在我直接表达了这部分感受后，你的反应是什么（即时化方式2）

这个刻意练习能帮助我们使用即时化技术。在实际咨询中，在每个回合都用即时化回应可能并不恰当，这个练习旨在培养我们在咨询的场景下，能更自如地调动无人机视角以及过程反思进行即时化，而不是模拟真实的咨询场景进行即时化的回应。

刻意练习 47　铁三角刻意练习

设置：

- 三人一组，每轮 30 分钟（其中角色扮演 15 分钟，讨论 15 分钟），一共三轮；
- 成员轮流扮演助人者、来访者和观察者。

助人者扮演要点。主要使用即时化技术，并尝试练习不同方式的即时化。

来访者扮演要点。可以讲述自己的经历，在合适的时机加入一点可以识别的行为模式，或者对助人者进行一点小小的挑战，给助人者留出反馈空间。

观察者扮演要点。这个位置很重要，因为观察者更有空间去建立无人机视角、进行过程反思，看到咨询的过程中发生了什么，并在讨论时邀请助人者分享使用即时化背后的意图，也分享自己作为观察者的体验。

示例

接刻意练习 46。

助人者：静婷，此刻我们的关系好像变得越来越紧张了，我感受到了别无选择的压力，似乎我必须给你一个有效的办法，没有别的出路（即时化方式 3）。同时，我也好奇，在我直接表达了这部分感受后，你的反应是什么（即时化方式 2）？

静婷：我感觉你一直和我绕圈，但你直接这么问我，我好像又没那么烦躁了，没想到你也会感到有压力。

助人者：你似乎有点失望，但同时又松了口气（情感反应），是吗？

静婷：我还是不太明白你为什么就是不跟我说要怎么办。

助人者：你之前提到过，家人需要你成为一个好妈妈，你照做了，但其实内心是有一些难过的，只是没有表达出来。所以，如果直接给你解决方案，我会担心重演你的生活，让你又多出一个需要完成的要求（即时化方式5）。

静婷：（有些发愣，眉头皱着）

助人者：[跟着静婷一起皱眉（情感反应）]

助人者：静婷，此刻你皱着眉头，你愿不愿意听一听，现在的皱眉在说些什么（即时化方式1）？

静婷：我一直努力达到各种高要求，难道这有错吗？

助人者：嗯嗯，这好像引发了一种矛盾的感觉。我也来猜一下，你刚才的发愣和皱眉好像也在说，难道我这种配合顺从是不好的吗？我感到很不自在，不知道是这样吗（通过带引领的情感反应来解释静婷疑问背后可能的情绪）？

静婷：嗯嗯，有些难为情的感觉，好像一下子被看光了。

助人者：嗯嗯，"被看光了"，很难为情（重述＋情感反映，贴上来访者的描述）。

静婷：（开始流泪）

助人者：（陪着流泪）

静婷开始回忆小时候的经历，助人者保持倾听，偶尔使用情感反应或重述跟随。

> **示例**
>
> 此为对于即时化的即时化反馈,观察者视角的示例。
>
> - **观察者视角1**:当我看到助人者没有给来访者提供办法,而是转头去关注静婷的行为模式时,我在那一刻是有些吃惊的。我可能比较擅长先给办法,再去关注其他的。但我想助人者应该有自己的意图和打算,所以想问问助人者的考量是什么?
> - **观察者视角2**:我发现助人者在联系咨询关系内外时,还马上跟进了一个对表情的即时化观察性反馈,我是有些欣喜的,两种即时化叠在一起使用,使得静婷有机会探索自己当下的情感,并与自己的经历有了关联,这让我对即时化这项技术有了亲近感。

本章难点

问:我对直接表露关系中带来的张力感到困难,怎么办?

答:助人者直接表露关系中的张力,很像打开天窗说亮话,而本文中也提到,我们本土的语言风格往往是含蓄内敛的,当我们在高语境中更习惯去猜测别人话背后的意思时,更不容易在关系中直接表露"不舒服的感受",也不容易直接表露"自己感受到目前的关系是怎样的",这些表露会让我们非常担忧因"说破"而导致关系更加疏远。所以,先了解我们身为助人者也是一个普通的人,感到困难是正常的,这种对自己感受的正常化,也是对自己的一份关照。然后,带着这份关照，鼓励自己刻意练习一下本文中提到的表达方式，看看用怎样的句式能让自己觉得不那么紧张担忧，同时可以让彼此的关系更近一点。

问：什么时候使用即时化？

答：可以在以下时刻使用：

- 特别留意来访者微表情发生变化的时刻，倾听来访者的言外之意；
- 聚焦助人者和来访者的关系发生了一些事情但还没有谈的时刻；
- 在咨访同盟已经初步建立，助人者对来访者的行为模式有了一些理解之后，来访者刚好呈现它的时刻；
- 助人者觉得需要使用即时化来促进关系更进一步，或者关系出现了张力的时刻。

反思：方言在助人工作中的运用

- 请搜寻一下你所在地域的方言用词，有哪些说法是在描述即时化这种沟通方式，但又没有用这个词。比如，北方语系中的"拿到台面上说"指的就是即时化。
- 你所在的地域对即时化这种沟通方式有任何的禁忌吗？当你要用方言进行即时化的表达时，通常会如何开启这个话题？用方言与不同的群体（比如长辈、晚辈、同辈）进行即时化表达，方式会有哪些异同？
- 观察你所在的地域有哪些默认的共识？比如，在某些地方，有人敲门，屋里的人问"谁呀"，门外的人回答

"我",屋里的人就给这个人开门了。在这个回复方式中,双方的共识是,"只要回答'我',你凭我的声音就能听出来我是谁,我不需要真的说出来我是谁"。请你留心观察,在你所在的地域,有哪些共识是不需要或不能说破的?哪些共识是可以"拿到台面上说"的?

第 14 章

技术 10：挑战

挑战技术（challenge），也被翻译为"面质"。当得知助人者要挑战或面质来访者时，作为助人者的你，身体会有怎样的反应？你的脑中会出现怎样的意象？儒家文化主张"以和为贵"，并把这个作为人际交往的道德准则。要在助人工作中去挑战或面质来访者，就可能会让我们下意识地耸起肩膀、心头一紧，随之心跳开始加快、手心脚心出汗等。当强烈感受到剑拔弩张的火药味时，助人者可能会对这项技术感到紧张甚至想回避，就是很正常的。

对挑战技术的去殖民化思考

> **克拉拉·E. 希尔的定义**
> 挑战是助人者指出来访者适应不良的信念和想法、不一致之处，或者来访者并未意识到或不愿改变的矛盾之处。

希尔模型对挑战的定义带有非常鲜明的独立我视角——是一个我（助人者）指出你（来访者）矛盾的地方。在这样的视角下，助人者和来访者双方不仅界限分明，还处于对立的状态，与习惯强调"我们"的联结、大家站在同一战线的互依我视角非常不同，很可能对本土的助人者、来访者带来巨大的冲击。

希尔模型还使用了"适应不良""矛盾""不愿改变"这些评判味道很强的措辞，这样的视角赋予了助人者权威的位置，可以去定义哪些想法和信念是"适应良好的"，哪些是"适应不良的"。本土来访者本来就容易把助人者视为权威、专家，使用希尔对挑战技术的定义，会进一步加大咨访关系中本来就存在的权力差，可能让本土来访者像犯错的学生一样全盘接受教导主任的批评和教育，这对调动来访者在咨询中的主观能动性有负面作用。

对挑战的本土化视角重构

> ★ **本土化视角重构后的定义**
>
> 来访者在成长中面临挑战时，这些挑战通常以矛盾、不一致或咨访关系中的张力的形式出现。挑战指助人者和来访者一起试图理解这些信号背后的意义，并以此为契机找到破局、改变的新可能。

在本土文化中，当挑战不是以人际关系中冲突的形式存在，而是代表一种带有困境乃至危机的境况时，我们文化自带的辩证视角会看到这种表面上的困境暗藏的机遇，因为困境和挑战可能是推动我们打破固有模式、突破舒适区去寻求改变的动力。中文中"危机"这个词本来就是既暗含了危险、困难，又蕴藏了机遇，而以迎难而上的方式面对助人工作中乃至人生中的挑战，正是我们成长、疗愈的关键。

在助人工作中，来访者呈现出看似矛盾、不一致的地方，乃至咨访关系中出现张力甚至冲突，都意味着来访者以及助人者和来访者的关系正在经历改变发生前的重要磨炼和"闯关"，这就像是唐僧取到真经前要经历的九九八十一难一样，在"劫难"出现时，也是团队内部容易发生矛盾、割裂的时刻。成功"闯关"的关键，恰恰需要互依我视角下我们一起携手面对困难的做法。因此，我们可以这样理解对"挑战"本土化视角重构后的定义：挑战不是助人者挑战来访者，而是来访者面临成长中的挑战，或者挑战出现在咨访关系中时，会以矛盾、不一致、张力的形式出现。这时，助人者和来访者一起携手迎难而上，试图理解这些信号背后的意义，直面困境带来的挑战，并以此为契机找到破局、改变的新可能。

方式1：呈现来访者内部那些给来访者带来冲突的、不一致的甚至矛盾的侧面

每个人内部都有不一致的甚至矛盾的侧面，比如，我们可能既希望遇到一个可以依赖的对象，又怕自己丧失了独立（想法之间的矛盾）；可能既期待一件事，但在它真正临近时又会害怕地想躲开（同时体验对立的情绪）；还可能在理智上知道应该结束一段关系，但感情上又舍不得（想法和情绪之间的矛盾）。我们内部的不一致，也是造成我们内心冲突、人际冲突等挑战的重要原因。同样，来访者也会因为内部的不一致而感受到挑战，这种不一致可以通过言语、情绪、行为、表情/动作这四个维度之间，以及每个维度内部之间的不一致和矛盾体现出来。当助人者听到来访者展现出这些不一致，并通过重述、情感反应或即时化的方式呈现给来访者时，就是在邀请来访者和

自己一起，在咨访关系这个空间去解读目前这个挑战的背后在传递着怎样的信息。

以下为一些示例。

- **言语表达中的矛盾**：刚才听你说每科都考砸了，你们班物理 80 分以上的只有 5 个人，你考了 82 分啊！
- **对立却共存的情绪**：你感到自己被吸干了的同时，又很自责。
- **言语与表情/动作的不一致**：你刚刚说到自己很喜欢她，说得很小声，好像又想躲着她，不太希望她注意到你。
- **言语与情绪的不一致**：你刚才说很期待我们的每一次咨询，但说的时候似乎语调还有一些犹豫。
- **言语与行为的不一致**：你之前提到自己想存一笔钱出国深造，但似乎最近在购物上花了许多钱。
- **非言语之间的矛盾**：你刚才一边笑着跟我说话，一边攥紧了拳头。

在以上示例中，助人者不带评判地用重述、情感反应、即时化去呈现来访者内部不同的侧面，比较容易上手。如果想进一步地给来访者留出校正的空间，那么可以加一点语气词，或者诸如"似乎""好像""大概"等表达一种可能性的副词，让来访者可以随时反驳或纠正。

> **示例**
>
> 静婷案例背景提示：静婷第 7 次咨询。
>
> 静婷：老师，我这周感觉很混乱，好像一下子不知道自己一直这么忙是为了什么。我从小到大一直在满足他人的期待，你上次让我看看自己的需求是什么，说真的，我真不知道自己有什

么需求，反正到头来孩子没带好，家人也对我感到不满意。

助人者：所以你既要自己达到他人的期待，又想清楚地知道自己想要什么（呈现静婷同时存在的对自己矛盾的期待），对吗？

静婷：老师，这难道不也是你对我的希望吗？

方式2：呈现来访者和助人者不一样的体验或价值观

方式2属于方式3的一个特例。因为咨访关系中助人者的视角也属于来访者的环境之一，但这又是一个非常特别的环境。在咨访关系中，助人者是与来访者互动过程中的亲历者，可以通过即时地表露自己的视角、感受，向来访者呈现不同的可能性，让被固有模式、视角限制住的来访者看到新的可能。这个方式既是即时化，又属于解释的第四步。

示例

静婷：老师，这难道不也是你对我的希望吗？

助人者：所以我邀请你在我们的关系中试着看看自己的需求时，好像反而变成了你需要达到的、我对你的要求（呈现助人者是希望静婷能去看到自己的需求，但静婷的解读仍然是"这是助人者对我的要求"），是吗？

静婷：所以，你的意思是什么呢？

助人者：看到你这么累，都没有机会稍微照顾一下自己，我只是单纯地想表达，其实适当地照顾一下自己的需求是可以的（进一步澄清静婷的视角和助人者视角的差异）。

在助人过程中，助人者常常会在某一刻体验到与来访者不同的情感，或者是有不同的价值观冒出来。如果此刻助人者已经审视过自己的价值观且意图是为了来访者的福祉，那么也可以表露，让"探照灯"不仅能照见来访者，也能照见助人者。如果两个人之间的不一致有机会被照见，就可以扩大来访者的觉知范围。

另外，在助人工作中，如果助人者的工作方式不符合来访者的期待，来访者可能就会感到不满，还可能直接或间接地表达不满。这时咨访关系就会出现特别的张力，对关系双方来说都是挑战。这也正是需要助人者和来访者一起携手应对挑战的时刻。助人者通过即时化地表露自己对关系中张力的体验、自己和来访者的差异，来传递彼此的差异是可以放在桌面上探讨的，这样就有机会把因差异造成的张力转换成借着差异进一步看见彼此、理解彼此的机会，也试着共创"允许不同意见在关系中共存"的疗愈性体验。

> **示例**
>
> 静婷：老师你这么说我反而让我不好意思了，感觉我来了这么多次了都没什么进展，连你最低的期望也没达到。
>
> 助人者：你觉得咨询进展不大，一定感到很失望吧。但在我看来，你在这一周感受到的混乱其实是一个很重要的信号：你已经在慢慢允许自己有点自己的需求了，所以才会对尚不清楚自己的需求是什么感到迷茫，这在我看来是很大的进展了，而且也非常需要勇气（静婷对咨询缺乏进展的不满，以对自己的不满的形式呈现，助人者看到后，也呈现了自己对咨询进展的不同解读，并解释了自己为何有这个视角）。

方式 3：照见来访者自我认知和环境间的不一致

有时不一致并没发生在个体内部，而是出现在个体与环境之间。比如，个体对自己的认识和现实情况或者他人对自己的认知不一致，甚至相去甚远，这种不一致比较容易引起人与人之间的挑战与冲突。例如，一个认为自己很了不起的人，实际上可能很普通；或一个自认为处处被人针对的人，给周围人的感觉可能反而是这个人很难相处。同样，助人者可以通过重述或提问的方式，向来访者呈现助人者观察到的来访者自我认知和环境不一致的地方，因为理解这个不一致就有可能理解来访者在人际互动中体验到的冲突，可能是什么原因造成的。

提示：助人者还可以在总结性重述或者解释性的重述后加上一个提问，或使用疑问的语气去重述，邀请来访者呈现他的视角，这样更能体现助人者和来访者一起并肩看到不一致，并一起去寻找突破的合作感。例如："你对这件事处理得不错，避免了潜在的危机，同事、领导都夸你，但你好像一直对自己的工作能力感到怀疑，是吗？"

示例

静婷：但我还是觉得自己很没用。

助人者：静婷，你一周 7 天不休息，关注孩子的饮食起居、作业学习、情绪，还要做饭、做家务照顾老人，相当于 2~3 个全职员工的工作量，却觉得自己很没用。你愿意多说一说这个部分吗（把静婷的工作量和当下职场的工作量做对比，呈现静婷超高的负荷和她自我感受"没有用"之间的不一致）？

静婷：就是觉得忙了半天，没有获得什么肯定，也没有创造任何价值，身边的人都觉得我不用工作在家享清福，却连孩子都没带好。我感觉自己付出了很多，但回报很少。

> 助人者：所以，其实你是知道自己付出了很多的，但周围的人似乎看不到你的价值（呈现静婷切身感受到的自己的付出和环境并没有肯定静婷的价值，这两者的不一致），是吗？

方式 4：解释来访者体验到的不一致、矛盾背后可能的原因

当不一致、矛盾出现时，我们的体验是偏向不舒服、混乱的，而这种矛盾的状态可能也不是一时就能改变的，所以需要提高我们对这种矛盾、不一致体验的耐受度。有效方法之一就是，去理解这些不一致、矛盾背后的可能原因。对于一个暂时无法改变的不舒服体验，当我们至少知道它为什么存在时，就会多了一分对自己体验的掌控感。因此，这个方式既是解释，但因解释的对象是此时此刻的体验，所以又是即时化技术。

示例

> 静婷：是这样的，好像家庭主妇无论做了多少，都会被认为是清闲的，甚至是偷懒的。
>
> 助人者：所以，其实并不是你觉得自己没用，而是身边的人，甚至我们的社会一致认为家庭主妇没有创造什么价值，你身在其中好像只能认同这种说法（助人者解释静婷不一致背后的可能的原因）。
>
> 静婷：老师，我从来没有这么想过，但听你这么说，又觉得心被温暖到了。

提示：助人者在面对来访者矛盾不一致的时候，有时候会下意识地使用解释，来让矛盾变得合理。这样助人者就会把无意识变为有意识的使用解释，更有可能察觉到自己惯用的解释的角度，这种助人者审视自己的视角，更能传达助人者的解释只是呈现一种可能性，接下来无论助人者提供怎样的解释，都只是助人者的假设或猜测，来访者完全可以反驳或纠正。

方式 5：用非言语的方式呈现不一致

当助人者和来访者关系良好时，助人者也可以使用非语言来呈现来访者内部以及来访者和环境之间的不一致，比如：一个疑惑的表情或一个好奇的眼神，一个表示疑问的语气词"嗯"，一个带着调侃语调的重述"你的意思是说你想既要、又要、还要，是吗"，或者是一个瘫倒的动作等，都可以达到这个目的。这些方式都很契合本土语境，直接在身体层面和来访者交流互动。

刻意练习 48　身体觉知练习

请再次仔细阅读以上的本土化视角的挑战方式，每阅读完一种方式后就停一下，感知一下自己的身体，再阅读下一种。请记录，当你读到哪种挑战的方式时身体是松的？当你读到哪种挑战的方式时身体是紧的？你既可以独自完成这个练习，也可以邀请2~3个同辈伙伴一起练习，看看伙伴们的反应与自己的有哪些异同。通过觉察身体信号，找到让自己的身体感觉更轻松的挑战方式。

刻意练习 49　识别不一致信息的逐字稿自我督导练习

不一致、矛盾，是来访者或咨访关系正在经历挑战的重要信号，敏锐识别来访者内部或来访者和环境之间的不一致的能力是需要练习和培养的。可以挑选某些让自己感到困惑或困难的咨询录音，认真仔细回听，并逐字记录来访者的言语信息、非言语信息，再试着通过上文提供的五种方式，找出不一致的信号。

提示：某个特定的片段并不一定能同时展现来访者内部、来访者与环境间，以及来访者与助人者的不一致，只需要借助表 14-1 试着写下你能够想到的维度即可，如果有困难，可以在督导的带领下一同练习。

表 14-1　记录表

来访者的言语叙述	来访者的微表情和身体语言	来访者内部不一致、矛盾的侧面	来访者自我认知和环境间的不一致	来访者和助人者不一样的体验或价值观	尝试根据自己流派的视角解释这些不一致可能的原因
片段 1					
片段 2					
片段 3					

刻意练习 50　铁三角刻意练习

设置：

- 三人一组，每轮 30 分钟（其中角色扮演 15 分钟，讨论 15 分钟），一共三轮；

- 成员轮流扮演助人者、来访者和观察者。

来访者扮演要点。可以提前与伙伴们商议,如何呈现自己的矛盾不一致之处,并试着演绎出来。

助人者扮演要点。助人者在对来访者了解且熟悉的基础上,试着寻找"不一致"的地方。它可以是来访者自己内部的不一致,也可以是助人者和来访者之间的不一致,或来访者和环境间的不一致。在发现这些"不一致"后,选择1~2种挑战的方式把它呈现出来;觉察在使用挑战技术的当下,身体有什么样的反应?又有什么样的内心活动?

观察者扮演要点。反馈自己对助人者使用挑战技术的理解;反馈自己发现了哪些不一致、矛盾的地方,会使用哪种挑战方式去呈现;反馈自己观察到的来访者对挑战有什么样的反应。

三人分享后,可以进一步讨论:如果还可以再用其他方式呈现挑战,是哪种?不同的挑战方式,侧重点有何不同?对目前铁三角中的来访者来说,哪种挑战方式在感受上是最友好的,即可以让来访者感受到助人者愿意和来访者一起面对挑战?

本章难点

挑战技术之所以自带张力,是因为它在本质上是在呈现某种"不一致",而这恰恰与人类喜欢追求认知的连贯性和一致性的特质相冲突。因此,在使用挑战时,如果我们发现不仅来访者紧张,助人者自己也会紧张,就再正常不过了。首先,要允许自己紧张,并清晰地了解,紧张就是在诉说着我们在一起面对作为人类的共同"挑战";此外,还可以为"挑战"重新命名,比如,"冒险的邀请""拓展可能性""携手面对现实"等。重命名的意图是，当一项技术的名字让自己听起来压力较小时，我们更有可能相对轻松地去使用它。因为挑战最后的目的是为了和来访者共同携手渡过难关，找到危机中的机会，我们可以试着"一边紧张着，一边仍然保持着联结与合作"。就像洪水来临，当人们一起手拉手、肩并肩地站在一起结成一个同盟时，就不容易被洪水冲散或冲倒。

刻意练习 51　在咨访关系冲突时刻寻找合作点

当我们作为一个独立的助人者（人）去看来访者自身内部的不一致时是相对容易的，但如果是看见了自己和来访者之间的不一致甚至是冲突的时刻，并且在冲突时还需要找到可以合作的点则相对困难，因为这不仅对互依我的联结感造成冲击，还会冲击我们固守的"以和为贵"的人际道德准则。因此，要把咨访关系冲突的时刻单独拿出来进行刻意练习。

预备练习：巩固无人机视角

具体操作可以回顾刻意练习 44。

练习无人机视角的好处是，当我们和来访者的关系中出现张力乃至冲突时，能保持觉察的能力，不会完全被冲突淹没。

正式练习：找到让你感觉咨访关系中有隐形或明显冲突的咨询片段

按照以下步骤进行练习。

- 使用第 5 章"技术 1：倾听"中关于"倾听助人者自己的反应"

的方法，先听见当咨访关系中出现张力或冲突时，自己有着怎样的体验？升起了哪些内心活动？好奇这些体验、内心活动背后可能有怎样的意图或初衷。这一步是在允许作为助人者的自己体验到关系中的张力和冲击。

- 带着刻意练习 46 关注咨询过程的视角，倾听来访者言语内容背后的动机、意图、初衷，等等。这一步是帮助助人者穿过张力和冲突，理解来访者更深层想表达的内容。
- 寻找助人者和来访者的意图或初衷是否有一致的地方：当张力在关系中出现时，我们更容易去关注双方的差异和不一致，而忽略了尽管双方在具体的方式方法、想法体验上会不同，但背后的动机、意图、初衷可能是一致的。比如，父母对子女催婚可能是因为他们认为只有子女结婚了，子女的生活才能幸福；而子女选择不婚，也是因为觉得自己一个人生活更自在安逸、更幸福。
- 把找到的一致作为合作的基础，然后邀请来访者一起携手去面对不一致的地方，看看如何跨过难关。

示例

本书中的静婷和助人者之间存在着一个明显的不一致的信息——静婷觉得考虑家人的需求是第一位的，自己可以无限付出和牺牲；助人者则认为静婷可以多倾听自己的需要，满足自己的需要往往也是非常正常的行为。这种不一致会在咨询慢慢有进展的过程中呈现。因此，助人者找到的一致的合作点是，无论是哪种观点，静婷和助人者背后的初衷都是一致的——都是希望静婷自己有力量能够渡过现阶段的难关。这个初衷就是双方在挑战中的合作点。

> **反思：方言在助人工作中的运用**
>
> 　　在挑战这项技术中，方言是最需要特别关注到的。因为某个地域的方言缔造，是在本土环境中世代生存下来并求得发展的智慧所在，有了方言的沟通协调，大家便有更多的机会一起携手面对困难。因此，请留意你所在地域的祖辈们，当面临大事时，他们通常会进行怎样的讨论？在商议事情的那一刻，有哪些方言词句会高频出现，能让在场商议的人都感到"劲儿是往一处使"的？在助人工作的过程中，如果来访者和助人者使用相同的方言，那么可以在挑战的时刻，一起用方言去缔造这种联结感；如果来自不同地域，那么助人者也可以通过分享自己的方言是如何面对挑战的，来邀请来访者试着和自己的方言建立联结，看看是否能找到疗愈的资源。

第 15 章

技术 11：行为激活

西方文化多认为先要有领悟，之后才能将领悟转化为行动，希尔的模型也遵循这个逻辑，甚至一些主流的咨询流派（比如动力流派）最终的工作目标就是认识层面的领悟，其底层逻辑是，领悟会自然转化成行动上的改变，这也是西方注重理性价值观的延续。

然而，我们的文化是具身的，很多情绪、需求都是用身体和行为直接表达的，来访者也更关注"我能做什么"，而不是"我的感受是什么"。我们的文化甚至会认为认知是有限的，行动更有效力，比如"知行合一""实践出真知""纸上得来终觉浅，绝知此事要躬行"这些观点全都在强调实践的重要性。传统中国文化还认为，行动体验可以直接带来领悟。比如农禅，它既是中国古代佛教禅宗寺院赖以生存和发展的经济基础，也是禅宗僧侣必修的一个"觉悟"法门。有一则非常有名的"插秧偈"，便是唐朝时期的布袋和尚在农田插秧种水稻时所得。当他心无旁骛地把整个田间的水稻种好时，唱道："手把青秧插满田，低头便见水中天；六根清净方为稻（道），退步原来是向前。"从此开悟，这首偈也开始广为流传。布袋和尚的这个经历也在佐证，领悟可以来自直接的行动体验。

跟本土群体工作，关注行为上的调整与改变非常重要，也更能贴合本土来访者的需求，因为已经有行为心理学、辩证行为疗法这些专门改变与调整行为的分科或流派。本书中，我们选择行为激活作为行为技术的例子，来呈现可以如何把直接对行为的干预融入助人工作中，因为行为激活不仅被研究证明是抑郁症干预中最关键的因子，也广泛运用在调整作息、建立新习惯等场景中，运用范围非常广。

行为激活的原理

我们的认知、情绪和行为形成了一个相互影响的三角，只要通过改变其中的一角，就能使另外两角也随之发生变化。传统的心理咨询理论多聚焦在通过调整认知和情绪来改变行为上，但我们的本土文化和行为心理学更强调行为上的调整，也可以反过来改变情绪和认知。行为激活的基本原理就在于，处于抑郁状态的个体，往往为了避免痛苦或不愉快的情绪，也会同时减少参与原本能让自己感到满足、获得正面反馈的活动，长期下来，这种回避行为又会加重抑郁，形成一个恶性循环。因此，我们鼓励处于抑郁状态的个体更多地参与到那些可以为自己获得正面反馈的行为中，以此获得正向的情绪体验，打破抑郁的循环。

什么时候适合行为激活

行为激活不能是助人者单方面给来访者布置的任务，使用行为激活的前提是，来访者至少有一定的意愿去改变。比如，一位被抑郁困住的来访者希望缓解抑郁的状态，但自己尝试的方法都无效，便来向助人者寻求帮助。如果来访者进行行为改变的意愿尚不强烈，就要先通过之前的助人技术来激发、强化来访者的改变动机，此时使用挑战技术就比较关键。因为来到咨询室的个体一定是有一部分是想改变的，当想改变的比例太小不足以转为成行为时，助人者可以在呈现来访者内部同时存在的想改变和不想改变的两部分的基础上，强化来访者想改变的部分。我们仍以静婷的案例为例，如果在第7次咨询中，静婷还不太知道自己的需求是什么，也不太允许自己有需求，助人者就贸然建议静婷去做照顾自己的行为，就属于为时过早，这也是为什么助人者是在经过了8~11次咨询让静婷看到了有可能在自己的需求和他人需求中找到平衡后，才在第12次咨询和静婷一起做行为激活。

行为激活的步骤

第1步：了解行为基线，选择合理的目标行为

我们往往并不能清楚地意识到哪些活动会带给我们积极的情绪体验，哪些可能会导致甚至加重我们的消极情绪，因此，觉察自己的行为模式是改变行为的第一步。我们可以借助活动记录表（示例见表15-1），记录一周内每1~3小时内的活动，并对情绪状态进行量化打分，这样可以直观地看到不同的活动对情绪的影响，从而更精准地设定短期、中期、长期行为改变的目标。此外，来访者往往有改变自己状态的目标，但不清楚具体要调整哪些行为（比如，我想减轻抑郁，但不知道具体要怎么做）。这时，记录在活动记录表中的信息就非常有指导意义了。而参与记录和分析自己的行为，也可以让来访者更加主动地投入改变的过程，这种主动参与的体验本身就可以成为行动激

活中的一个强化物。而助人者也可以通过活动记录表提供的信息，更直观地了解来访者在咨询室外、在日常生活中的模式。

以下是静婷案例第 8~11 次咨询的背景提示：

助人者与静婷一起探索了当文化和家人都把"孩子好不好"作为"妈妈做得好不好"和"女性是否有价值"的唯一标准时，对身在其中的女性造成的压力和物化。助人者一边鼓励静婷表达自己在全职育儿中的辛苦和不容易，一边和静婷一起探索满足自己需求和他人期望的平衡点。起初，静婷只能在"只有照顾好自己才能照顾他人"的框架下去探索自己的需求，逐渐地，静婷看到是有可能在自己的需求和他人需求中找到平衡的。在这个过程中，静婷一方面对于终于有人理解到她的处境而感到被支持，一方面又为自己的家人和文化对自己需求的忽视而感到无力。在第 11 次咨询中，助人者和静婷开始着手找出在目前限制重重的环境中，静婷能为自己做点什么，以达到稍稍照顾到其需求的目的。在第 11 次咨询中，助人者布置了活动记录表作为家庭作业，鼓励静婷细致记录接下来一周的行为活动并进行情绪打分，从而找出可以更好照顾自己需求的行为。

活动记录表

指导语：请记录你在一周内，每个小时的活动（你做了什么、和谁、在哪儿，等等），并针对每一项活动用 0（很开心）~10（很抑郁／痛苦／焦虑）给你的情绪打分。至少每 3~4 个小时记录一次。

助人技术本土化的刻意练习

表 15-1　静婷的活动记录表

	周一	周二	周三	周四	周五	周六	周日
6:00	起床洗漱，为家人准备早餐（5分）	起床洗漱，为家人准备早餐（6分）	起床洗漱，为家人准备早餐（5分）	起床洗漱，为家人准备早餐（7分）	起床洗漱，为家人准备早餐（7分）	睡觉（2分）	睡觉（2分）
7:00	送孩子上学（6分）	送孩子上学，堵车（8分）	送孩子上学（6分）	送孩子路上堵车，迟到（9分）	送孩子上学（7分）	起床洗漱，为家人准备早餐（5分）	起床洗漱，为家人准备早餐（5分）
8:00	超市买菜（5分）	开车去见心理老师（7分）	带婆婆体检（7分）	超市买菜，日用品（6分）	银行办理业务（6分）	辅导孩子学习（6分）	和家人去公园游玩（4分）
9:00	超市买菜（5分）	心理咨询（5分）	带婆婆体检（7分）	超市买菜，日用品（6分）	银行办理业务（6分）	辅导孩子学习（6分）	和家人去公园游玩，因小事发生争吵（8分）
10:00	整理房间，拖地、洗衣服（6分）	开车回家（4分）	带婆婆体检（8分）	整理换季衣物，洗换衣被（7分）	寻求洗衣机维修上门服务（6分）	去医院拿婆婆体检报告，为她预约门诊（8分）	提前回家（7分）

续前表

	周一	周二	周三	周四	周五	周六	周日
11:00	为家人准备午餐（7分）	为家人准备午餐（7分）	在外吃午餐（5分）	整理换季衣物，洗换衣被（7分）	为家人准备午餐（8分）	打扫卫生（7分）	叫外卖作为午餐（6分）
12:00	午餐（4分）	午餐（5分）	回家，洗衣服，拖地板（6分）	为家人准备午餐（8分）	网络上购色新洗衣机（5分）	外出午餐，堵车（6分）	午餐（5分）
13:00	午休（2分）	刷手机（3分）	整理衣物（5分）	午餐（5分）	向朋友寻求新洗衣机购买建议（3分）	外出午餐，堵车（6分）	午休、失眠（4分）
14:00	处理各种账单（5分）	刷手机（4分）	午休、失眠（4分）	看电视（3分）	瑜伽（1分）	送孩子上羽毛球课（4分）	午休、失眠（4分）
15:00	接孩子放学（5分）	接孩子放学（6分）	接孩子放学（6分）	接孩子放学（6分）	接孩子放学（6分）	陪孩子上羽毛球课，回家（4分）	瑜伽（1分）
16:00	送孩子上钢琴课（6分）	送孩子上游泳课（6分）	接孩子补习数学，帮家人购买保健品（6分）	带孩子去书店购买教辅书（6分）	带孩子去商场为家人购物（5分）	看电视（3分）	督促孩子阅读（5分）

217

续前表

	周一	周二	周三	周四	周五	周六	周日
17:00	接孩子回家（5分）	接孩子回家（6分）	接孩子回家（5分）	带孩子去书店购买教辅，回家（6分）	带孩子去商场为家人购物，吃晚餐（6分）	监督孩子上网课，整理房间、扫地（5分）	拖地、洗衣服，清洁厨房（7分）
18:00	准备晚餐（6分）	叫外卖作为晚餐（3分）	准备晚餐（6分）	准备晚餐（7分）	为家人打包晚餐（4分）	准备晚餐（6分）	准备晚餐（7分）
19:00	辅导孩子做作业（8分）	辅导孩子做作业（9分）	和老师沟通孩子成绩退步情况（9分）	辅导孩子做作业（8分）	参加学校家长会（8分）	辅导孩子做作业（7分）	刷手机（5分）
20:00	辅导孩子做作业（8分）	辅导孩子做作业（10分）	辅导孩子做作业（10分）	辅导孩子做作业（8分）	和老师、其他家长沟通（9分）	看电视（3分）	刷手机（5分）
21:00	整理房间、洗漱（5分）	练习瑜伽（2分）	辅导孩子做作业（10分）	辅导孩子做作业（8分）	辅导孩子做作业（10分）	网络购物（4分）	和朋友打电话寻求心理支持（3分）
22:00	刷手机（3分）	整理、洗漱（4分）	和老公沟通孩子学习情况，有分歧（8分）	整理、洗漱、刷手机（4分）	辅导孩子做作业（10分）	整理、洗漱（4分）	和朋友打电话寻求心理支持（3分）

我们从静婷最近一周的活动记录表中可以发现，静婷在进行和孩子学习相关的活动时情绪压力最高（比如，辅导孩子做作业、开家长会、和老师沟通孩子学习情况，等等）；在从事家务相关活动时情绪压力次之（比如，为家人准备三餐、带老人看病、处理家庭账单、修理电器等）；在进行和自我照顾相关的互动时情绪最好（比如，练习瑜伽、看电视、刷手机、寻求朋友心理支持等）。在和静婷的探索中，静婷也感受到了自己目前情绪压力的来源是因过度为家人付出而忽略了自己的需求，她还表达了在咨询的下个阶段想要更多照顾自己的意愿，通过对和自我照顾相关活动的分析，静婷感到刷手机和看电视这些娱乐活动可能会增加自己浪费时间的负疚感，寻求朋友支持有时也要考虑朋友的时间限制，练习瑜伽是自己目前既感兴趣又能够有效降低情绪压力的活动，且瑜伽可以在家练习，从现实层面也有便利实施的条件。同时，静婷也陈述了目前面临着没有足够的时间来练习瑜伽的困境。

第2步：分解目标，找到激活行为的第一个小任务

行为激活是从小行为的改变开始，逐步积累成大的行为改变，其关键就是将大的、看似难以达成的目标行为，分解成一些小的、可管理的任务。这些小任务，尤其是第一个小任务，应该足够简单，让来访者感到自己可以完成，从而减少其因害怕失败而产生的回避行为。在个体完成第一个小任务后获得的成就感和正面反馈，可以调动其进一步改变的意愿和动力。

从静婷的活动记录表中，我们发现静婷的时间被很多例行的家务占据，导致她很难拿出一个连续的时间来练习瑜伽，时间上的限制也让静婷无法参加附近的瑜伽练习班。不过，静婷反馈自己拥有大量

的碎片化时间，于是我们计划将第一个小任务定为每天在家练习瑜伽10~15分钟。通过分析活动记录表，静婷确认每天14点左右是最适合的时间。

第3步：讨论实施过程中可能遇到的障碍，并制定应对策略

在进行行为激活的实践前，提前和来访者一起讨论实施过程中可能遇到的障碍，并制定应对策略，这种类似给行为激活"上保险"的动作，能让来访者在进行行为激活时更有底气。当助人者询问静婷还有可能遇到怎样的阻碍时，静婷分享自己可能因为要处理紧急家庭事务而错过瑜伽练习。助人者随即建议静婷将瑜伽练习的计划调整为每周5天，留出2天来应对紧急情况，静婷表示赞同。

第4步：设定奖励

在行为激活的过程中，虽然完成目标行为所带来的积极体验本身就是在强化我们再次去进行此行为的意愿，但依然需要进一步强化积极的体验，因此需要设置奖励。行为激活中主要使用的奖励，即行为心理学中的正强化，指通过提供或增加某种积极的体验来增加目标行为发生的频率。比如，电脑游戏让人无法自拔的原因之一，就是当玩家完成某项任务时会获得即时奖励（比如，分数、装备、虚拟货币、角色升级，等等），这种即时的正向反馈强化了玩家重复打游戏的行为，逐渐形成习惯。在奖励的设置中要注意选择一旦目标达成就能立即执行的奖励，比如，每一次完成目标行为后就可以喝一杯喜欢的茶或咖啡，或打卡拍照发朋友圈，甚至看到活动记录表上抑郁分数的降

低，也可以是一个有效的奖励。不过，如果要激活的目标行为是每天早上起来做 10 个俯卧撑，但设置的奖励是和朋友聚餐一次，就会难以及时地进行奖励。

经讨论后，助人者和静婷共同决定，把奖励设置为"每次完成瑜伽练习后，立刻享受 10 分钟的香氛放松"——点一个几十元的香氛蜡烛，趁着瑜伽后身心放松的时刻，伴着香气进行 10 分钟的闭目养神。

第 5 步：设定监督机制

我们做任何行为时，都可能是被两大类驱动力推动：一是内驱力，即我们对活动本身感兴趣，活动能增加我们的满足感，我们发自内心地想去做；二是外驱力，比如完成了某项任务后会获得奖励、赞扬、赢得竞争或避免惩罚。完成目标行为本身所带来的满足感是在强化内驱力，但在行为激活初期，来访者可能难以找到内驱力，所以需要通过设立奖励、监督机制等强化外驱力的方式来激发行为的改变。监督可以来自对目标的跟踪（比如，用任务管理 App 跟踪进度、用活动记录表来追踪情绪是否有所改善，等等），还可以来自他人或环境的监督（比如，和助人者讨论行为激活的实施情况、加入打卡的社群接受同辈的监督，以及在图书馆里学习，等等）。

静婷把每天 14:00 进行 10 分钟的瑜伽练习设置为手机备忘录中的待办事项，计划一旦完成就去标记完成。静婷还决定每周在朋友圈分享当周的练习体验，与有运动习惯的朋友相互监督和鼓励。

第 6 步：解决行为未激活情况下的难题

在实践计划时，当周的行为并没有被激活并不意外。但来访者极有可能感到挫败或对行为激活的策略感到怀疑。助人者可以鼓励来访者把当周的尝试作为第一阶段试错的过程，即正式开始前收集信息的准备阶段。此时，仔细分析行为未被激活背后的原因（比如，目标行为太大、不够具体，实施的时机需要调整，或奖励、监督没有到位，等等），能够帮助来访者聚焦于下一步计划的调整，从而让改变发生。

刻意练习 52　铁三角刻意练习

设置：

- 三人一组，每轮 30 分钟（其中角色扮演 15 分钟，讨论 15 分钟），一共三轮；
- 成员轮流扮演助人者、来访者和观察者。

第一节：探索想要改变的行为

练习开始前一周，三位成员根据自己一周的生活提前填好活动记录表。在铁三角刻意练习练习中，来访者和助人者探索、确认一个想要激活的行为——既可以是想要回避的行为（比如，写个案报告或咨询记录），也可以是一直想去做的行为（比如，阅读或运动），还可以是生活习惯的改变（比如，改掉熬夜的习惯，早一点入睡）。注意，在探索过程中要关注来访者的切身体验和对行为激活现实难度的评估。

第二节：切分和细化目标行为

在探索到来访者的目标行为后，把行为切分成足够小的单位是进行激活的关键。在这个过程中，需要反复和来访者核对切分的任务是否可以被激活，是否需要进一步切分；此外，来访者还可能在这个过程中仍然会遇到其他的阻碍和困难，助人者需要耐心倾听，设身处地共情来访者的处境，帮助来访者发现自己可调动的资源以制定可行的应对策略。

第三节：设定奖励和监督机制

设定的奖励和监督机制也是从来访者的体验出发，助人者可以借助开放式提问探索来访者关于奖励和监督的想法。"鞋子合不合脚，只有自己知道。"在这个环节，助人者要尊重来访者的想法和智慧，相信来访者是最了解自己、也最知道什么样的奖励和监督对自己最有效，是帮助来访者探索出适合他自己的奖励和监督机制的关键。

第四节：实践后隔周反馈、跟进、调整

在前几个阶段设定后，练习小组各成员可根据设定好的行为激活目标践行一周。直到一周结束后，约好时间开始本节内容的练习。在练习本节内容时，需要根据实际状况进行调整：如果行为被激活，就可以讨论新行为带来的积极体验，肯定和鼓励来访者付出的努力，讨论如何维持新行为；如果行为仍然未被激活，就可以找出行为未被激活的原因，见证来访者难以启动的困境，鼓励来访者抱着试错的心态，重新找出可行的调整方向。

本章难点

问：如果来访者的行为无法激活怎么办？

答：行为无法激活的关键原因在于，目标行为切分得不够细、不够小。古人带兵打仗也有"一鼓作气，再而衰，三而竭"的说法，就是在强调调动积极性要一鼓作气、士气经不起消耗的行动理念。在行为激活过程中，要把门槛设得低

一些，目标切分小一些，对于首战告捷、提振士气具有重要的意义。

在我们的文化中，也有关于小目标和大目标之间关系的形容。比如，"一口吃不成大胖子""千里之行，始于足下"，长辈们也会传递这些脚踏实地的做事理念，指引我们去达成大的人生目标。在行为激活中，来访者的长期目标也许是很大的或颇为艰巨的任务。而落实到可以成功迈开步子的第一步，就涉及任务的切分。以写论文为例，一想到要写一整节或几千字，人们往往会产生畏难情绪，不妨把第一步目标切割成只写5分钟，如果还是抗拒，就再进一步切割为打开电脑、打开word文档，就会变得更容易执行了。再比如，如果来访者无法完成每天一小时的身体锻炼，就说明这个目标行为太大了，可以切割为每天利用碎片时间锻炼6~10分钟。如果仍无法激活，就可以进一步降低为起床时在床上或床边做10个仰卧起坐。在较小的行为被激活并保持一段时间后，再逐步加量。

问：如果来访者的改变无法持久怎么办？

当来访者的改变无法持久时，往往会被默认为其在认知上还不够深入或毅力信念累积得不够，但从行为学的视角来看，改变无法持久的最直接的原因是奖励或监督设置不当，使得来访者没有办法从奖励或监督中得到直接的支持和积极的反馈。因此，面对这个难点，我们可以聚焦在如何优化奖励的方式或监督机制上。

设置奖励有以下三个常见误区。

- 奖励不及时，无法在每一次完成目标行为后马上给予奖励。比如，如果给静婷设置的奖励是每次练习瑜伽后就从网上买一套瑜伽服来奖励自己，那么这对于一周五次的瑜伽练习来讲是不切实际的；如果设置的是完成一周的任务后买一套瑜伽服作为奖励，那么这个奖励又是有延迟的，没有做到即时奖励。

- **奖励和行为激活带来的收获相冲突**。比如，来访者希望通过运动达到健身或减肥的目的，如果把奖励设置成健身结束后吃一顿热量很高的晚餐，那么虽然吃高热量的食物能给来访者带来满足感达到强化健身行为的效果，但违背了健身的初衷。
- **在实际进行奖励的过程中遇到困难**。比如，静婷可能发现，目前设置的每次完成10分钟的瑜伽练习后进行10分钟的香薰放松，实施奖励和进行目标行为所需时间是一样的，对于时间本来就碎片化的静婷来说很难持久。因此，静婷将奖励改为每次练习瑜伽后听一首自己喜欢的歌。

监督失效也有以下两种常见情况。

- **监督机制让来访者感到评判或挫败**。比如，进行监督的人较严厉、批评性高，确实有可能让来访者为了回避批评而完成目标行为，但被评判和被要求的负性感受也可能会激发来访者对抗的行为，导致目标行为中断。再比如，静婷发现由于自己的朋友圈中多为孩子的老师、孩子同学的家长，因此如果公开练习瑜伽的心得会让自己感到难为情，也少有人点赞。于是，她改为加入一个线上瑜伽打卡群，不

> 仅需要连续完成 30 天的打卡才能拿回押金，还因为群内成员都是瑜伽爱好者，大家相互支持、鼓励，也让静婷更有打卡的动力。
> - **监督机制不够有效**。比如，静婷在实践中发现，仅仅是设置待办事项仍不够，因为她经常忙起来就忘记要练习瑜伽了，于是她将瑜伽练习设置为手机备忘录中的待办事项，并把提醒闹钟设置为每 10 分钟重复提醒一次，直到事项被标注为完成。

> ◎ **反思：方言在助人工作中的运用**
> - 助人者可以回忆自己方言所在地域的本土文化中，有哪些与行为激活作用相关的谚语或典故？这些谚语或典故在行为激活的环节可以如何运用到自己与来访者的沟通中？
> - 在进行铁三角的行为激活演练中，每位练习者都可以试着使用通俗易懂的方言向来访者扮演者讲述行为激活的原理，即认知、情绪、行为三者之间的关系，以及行为疗法如何通过改变行为来达到改善情绪的目的。

第 16 章

技术 12：结案与告别

结案和告别为何难

提到告别，你会产生什么感觉？

我（林燕）问了问自己的身体，发现身体居然没有感觉，是懵和木的。为什么会这样？明明头脑里知道，告别是我们生命中最重要的议题，可是身体却在此刻无动于衷。我茫然四顾，发现在自己的记忆中并没有关于告别的深刻记忆。能够想起来的，是片段式的毕业场景——中学的、大学的、研究生的。而且在这些毕业场景中，我总会记起有一股力量在推着我往前走，还有个声音说："不要向后看，不要停在现在的离别情愫中，前面总有新的任务在等着你……"成年后，我还经历过奶奶的去世。在农村，亲人去世的仪式非常宏大而繁杂，这其实也是一种最庄重的告别方式，可是我依然没有机会认真地体会自己的感觉，因为在那个仪式里，我更像是一个道具，在吊唁的人前来致哀时，我负责跟着哭上两声，以示哀悼。在那种场景下，哭，并不是因为我感到丧失了亲人而难过和伤痛，而是仪式的一部分。在我看到自己的身体被工具化地使用后，身体似乎活了回来，心口一沉，开始有哀伤的眼泪涌出，身体随之热了起来。

对于大多数文化来讲，坦然地告别并允许离别中的悲伤、哀悼自然流动，都是非常困难的。不同的文化在告别的议题上形成了一个默契的共识：用祝福、再见的希望来掩盖离别带给我们的沉重感，我们会跟可能不会再次见到的人说"再见""后会有期"，也会在感到离别的伤感时，把在眼眶里打转的泪水忍回去，并微笑地送上祝福的话语。坦然地告别之所以是很多文化的禁忌，一是因为我们对于不舒服甚至是让我们感到难受、痛苦的体验在本能上是回避的；二是因为离别、告别本身就有死亡的影子，比如，咨访关系的结束、伴侣的分手，或者直接就是被死亡触发的（比如，家人进入癌症末期或突然去世），在这个过程中，"死去的"不仅仅是眼前的人和关系，还有在这段关系中的自己，而对死亡的恐惧可以说是少有的大多数人类共享的本能反应。

直视"死亡"与"再也不见"，就如同肉眼直视正午的太阳，太刺眼、太疼痛。因此，当我们面对告别时，才会逃走、隔离、回避。由于我们的文化避讳告别，因此来访者在结案时出现以下的行为是十分正常的：来访者认为根本不需要谈结束，只要把问题解决了，就直接结束咨询；来访者在约好的告别时间不来，助人者无论怎样都联系不上来访者；来访者没出现，给助人者转账后就直接结束了咨询；来访者最后一次没有出现，助人者联系时，来访者只是很淡定地说了句"忘了"，就再也没有下文；等等。在遇到类似情景时，助人者可以这样提醒自己：来访者不擅长告别，自己也很可能如此，因此要避免一概用"阻抗"这种简单粗暴的解释。

也正因为面对告别很难，所以结案中的好好说再见才显得如此重要。在结案的这一环，对于助人者和来访者双方来说都是一个机会，一个继续读懂来访者和助人者自己的机会，也是送给双方的一份异常珍贵的礼物——助人工作中的每一段关系都是独一无二的，独属于助人者和那个特定的来访者，双方相伴走了一段或长或短的珍贵旅程后，一起回顾这段旅程，分享并见证离别时的各种感受，这种细致的告别相较于文化中的常规做法"一个人孤独地、默默地消化离别的伤感"，对来访者来说是一个重要的矫正性体验。结束、告别、死亡这些重要却又不被允许谈论的内容，可以说出来并被另一个人听见和懂得，也被自己听见和懂得，这是我们平时生活中很难遇到的机会。带着这样的基调，我们试着谈一谈关于如何在助人工作中进行结案并好好说再见。

咨访关系会结束的情况

达到咨询目标或约定的次数，双方协商结案

咨访双方通过协商，都觉得咨询目标达到了，目前也没有希望继续工作的议题，进入结案阶段。还包括学校或向企业员工提供的咨询有次数限制，或助人者和跟来访者在初始访谈中约定好咨询次数。这是最清楚、最明确的结束咨询关系的情况。

双方不匹配进行转介

这也是一种双方协商结束本段咨访关系的情况，但咨询目标没有达到，需要把来访者转介到更益于其成长的专业人员那里。可能是双方工作了几次后，来访者发现助人者与自己的需求不匹配（比如，希望尽快看到改变的来访者遇到强调先花时间对来访者的成长背景行充分探索的助人者），也可能是因为目前的咨询设置无法为来访者提供

足够的支持（比如，来访者需要入院治疗，或是来访者的症状达到了精神障碍的诊断，需要接受心理治疗）；或者来访者需要工作的议题远超过了助人者的胜任力（比如，助人者发现来访者曾经历过重大创伤，但自己并未接受过和创伤工作的训练）；还可能是助人者发现自己和来访者之间存在需要回避的双重关系（比如，助人者在某次咨询中发现自己的两位来访者是住在同一宿舍且关系不合的舍友）；等等。

助人者单方面原因导致关系结束

比如，助人者要离开任职的大学咨询中心，或要搬离目前居住的城市；也可能是助人者正在经历严重的耗竭（比如，生病住院了），需要减少个案量；还可能是助人者死亡；等等。这些都是由于助人者单方面的原因造成关系的结束，也属于没有达到咨询目标的结案，是一定要转介的。如果不转介，就会有抛弃来访者的嫌疑，但来访者有权选择是否遵从助人者的转介。

来访者单方面提出结束咨询或直接脱落

这类情况也很常见，原因有可能是来访者还没有准备好心理成长过程中要面对的挑战；或者他对心理咨询的预期与实际体验不一样，抑或因为其经济状况变动不再能支付咨询费、工作变动不再有可以稳定进行咨询的时间；还可能是经过几次工作后，来访者症状减轻了，虽然症状背后的根源还没来得及处理，但这也是不少来访者决定结束咨询的时间；当咨访关系中出现重大冲突或来访者感受到被助人者伤害或抛弃时，也很有可能停止咨询。对未成年来访者，也经常会出现为其支付咨询费用的家长认为咨询没有达到自己的期望而决定结束咨询的情况。同时，来访者也可能因为搬家、生病、死亡而结束咨询。来访者有单方面结束咨询的权力，不少本土来访者在我们的文化强调人际关系和谐的背景下，可能更倾向于不将不满说出来，而是直接不来咨询了（即直接脱落了），用行动直接表达自己的需求。如果来访者直接向助人者表达结束咨询的需求，那么这其实是很珍贵的，此时助人者可以仔细倾听来访者的需求和体验，并给来访者提出一些转介的建议。

如何结案

送给来访者的礼物

基调

助人者需要把对咨访关系的假设从"来访者下次一定会来"换成"来访者下次不一定来"，这样才能正视众多可能导致咨访关系戛然而止的因素，从而更珍惜每一次与来访者相见的机会。趁关系还在的时候，把"好好说再见"当成背景音，因为知道双方的关系终究会结束，且不确定何时会结束，所以更加珍惜一起合作的时光。如果助人者能带着这样的态度去倾听、理解来访者，那么这本身就是一份送给来访者以及自己的珍贵的礼物。

初始访谈涵盖结案

在刚开始跟来访者建立关系时，就了解来访者的目标、期望合作的时限，对咨询如何开展、如何起效的疑惑，助人者还可以与来访者分享自己会在哪些情况下进入结案或转介的阶段，在哪些情况下来访者可能想要结束关系但如果可以坚持下来就会非常有收获。

微型回顾或反馈

每次咨询结束时都预留一些时间,假设不确定来访者下一次是否会来,就做一次微型的回顾与告别:可以询问来访者对本节咨询的体验,包括被触动的点、感觉挑战的点,以及还没来得及表达的内容;助人者还可以回顾从自己的视角看来,本节咨询发生了什么,有什么样的体验,以及想表达却没来得及表达的内容。在结束时,助人者还可以询问来访者下次是否再来,或者确认下一次会面的时间。

来访者出现脱落时

如果来访者没有按照约定出现在下一次咨询中,助人者需要主动联系来访者了解情况吗?传统动力派的助人者可能会认为动力在来访者那儿,如果来访者不来了,也没有联系助人者,那么助人者就会默认来访者脱落了,不会去追。可是,要等几天才算来访者脱落了呢?对于高危个案脱落,助人者也不联系跟进吗?

现在越来越多的机构和助人者的做法是,如果在约定的咨询开始后一定时间内没有收到来访者的信息,就会给来访者打个电话/发封邮件/信息,询问一下他没有来的原因以及是否需要另约时间。这样一是表达助人者对来访者的关心,二是给可能因为害怕冲突或感到受伤的来访者一个邀请:我们关系中的挑战是可以直接摆在桌面上沟通的。来访者可能的回应包括,接受邀请,补约了下一次咨询;回复不想继续咨询了,就没有了下文;一直没有任何形式的回应;等等。

对于没有任何回应的来访者,为了确定其结束咨询的意愿,以及确切地确定结案的日期,助人者可以隔一周左右再联系一次,内容可以参考这段话："××你好，我们之前约好的上周五下午三点的咨询你没来，之间我给你打了两个电话你都没有接听，给你微信留言也没有回复。因此，我现在再次发来短信，向你了解一下情况。如果这周五还没有收到回复，我就会理解为你打算结束本轮咨询并进行结案。也欢迎你在以后有需求时再联系我。"为什么要这样做呢？因为脱落结案也需要知情同意，要有一个向来访者确认对方是否希望结束咨询关系的努力，在这次努力中必备的因素包括：来访者没出现的咨询是哪一天；回复的截止日期；告知来访者一旦过了这个日期他还没有回复，就默认咨访关系结束。

约定好的结案

助人者要做好知情同意，跟来访者说明结案通常会谈到什么，为什么结案是咨询中重要的一环，让来访者在有准备的情况下进入结案的阶段。

助人者要和来访者一起商议结案阶段所使用的咨询次数，认真倾听来访者对结案阶段的需求和希望的告别方式。

助人者在结案阶段可以谈论的内容包括但不限于以下几个方面。

- **看见结案可能触发的体验及结束关系的模式**。探索当提到结案和告别时，来访者的身体、情绪反应如何，这些身体语言和情绪在表达什么样的内容，来访者平时是如何结束关系的，结案会唤起来访者哪些与结束或告别有关的记忆。哪怕是助人者和来访者一起决定结案，也有可能唤起来访者被抛弃的体验，结案是看到并梳理这些模式的好时机。
- **回顾**。邀请来访者分享咨询中的收获和遗憾，在来访者的视角中改变是如何发生的，助人者也可以与来访者分享自己看到的来访者的变化等。在谈遗憾的时候,来访者可能会为难一些,因为这与我们的文化中强调在告别时要多说祝福和收获的习惯有关,因此助人者也可以借由谈自己的遗憾为来访者做一点心理准备和引子。

- **展望**。展望的内容包括,来访者在咨询中的收获可以如何应用于生活中;来访者在咨询外可以使用哪些资源;来访者还没有探索完的议题或遗憾,可以如何使用现有的资源在以后的生活中继续探索。

- **情感告别,好好说再见**。无论对告别讨论得多么充分,结案带来的丧失感依然会如影随形,因此承认这种情感的存在并充分地表达它是非常重要的。此时,我们可以借用本土文化中以物、景、曲等媒介抒情的方式,来完成属于我们的告别。比如,汉代有《折杨柳》的曲子,以吹奏的形式表达惜别之情,因为古人认为"柳"与"留"谐音,折杨柳送故人,寓意着挽留和离别之情;李白在黄鹤楼送别友人孟浩然时,看着友人的帆船越行越远,写下了"孤帆远影碧空尽,唯见长江天际流";李清照在寄送姊妹的告别诗里,叹道"惜别伤离方寸乱,忘了临行,酒盏深和浅",以酒相送,却因为方寸大乱而不知道临行的酒喝下去多少。这些告别的表达方式都非常有本土特色。

注意,以上几个步骤并不是割裂进行的,而是可以彼此融合的,既可以在情感告别时穿插着谈收获,又可以在谈展望时说一说彼此的遗憾。

- **讨论如何使用最后一次咨询**。助人者和来访者一起讨论,是否在最后一次咨询中进行一些有关告别的仪式:可以是哼唱一首歌曲或弹奏某种乐器,歌与曲传声,一起体会其中"曲未尽,人终散"的思念；可以是给彼此写一封信，通过文字传达情感和珍惜，且信件本身也可以一直相伴，时常阅读；可以是一起品茶、分享点心，用味觉的联结留住彼此共同的记忆；可以是双方互赠礼物，用礼物为彼此留下一个念想，但需要考量这份礼物的价格，一个礼轻情意重的礼物是比较合适的；可以是在双方都知情同意的情况下，通过一个拥抱来传递有关离别的"一切尽在不言"中的感慨。在视频咨询中，还可以使用双方一起倒计时再同时退出会议室的方式作为告别仪式。你也可以与你的来访者共同商定告别仪式。

送给助人者自己的礼物

看见结案可能触发的体验及结束关系的模式

　　结案本身对助人者也同样是一个挑战，无论是一段中长程的合作的结束，还是经历来访者不告而别的脱落，都会唤起助人者自己的与关系结束相关的模式和伤痛。提到结案和告别，助人者的身体、情绪反应如何，这些身体语言和情绪在表达什么样的内容，与这一位特定的来访者结案有哪些特有的体验，助人者平时是如何结束关系的，结案会唤起助人者哪些有关结束或告别的记忆，这些都是助人者需要提前或同时和自己的督导、体验师梳理的内容。对这部分的梳理对助人者自己来说，也是一份珍贵的礼物。

消化来访者脱落对助人者自己的影响

　　脱落是来访者用行动直接进行告别，但助人者的体验可能更多的是惊讶和受伤：为什么上次约时间时还好好的，这次却突然不来了？为什么不能直接提出来，而是不辞而别？还可能会感受到自己的真心错付了，或十分自责不断反思自己应该怎么做才不会让来访者脱落。这时，需要助人者试着对自己和来访者都不带评判地倾听——不仅要倾听来访者不辞而别的行动背后在表达哪些内容，还要倾听自己因此引发了哪些情绪反应。这些对来访者和对自己的倾听，也是告别中的重要一环。

撰写结案报告

不管是双方商定的结案还是来访者脱落，咨访关系都需要有一个确切的结束时间点，结案报告就是正式记录一段咨访关系结束的文件。助人者在撰写结案报告的过程中，还需要总结整个咨询过程的要点及结案的过程，这种通过书面呈现再一次梳理一段关系的方式，可以让助人者更清晰、完整地见证整个咨询过程，也可能会收获新的领悟，接纳关系中的遗憾。在结案报告完成时，助人者便正式为这段咨访关系画上了句号。尤其是对于脱落的来访者，助人者有机会通过撰写结案报告的形式和来访者告别，也能在一定程度上弥补助人者因为关系戛然而止、没有告别的机会甚至莫名其妙就这么离开了关系的遗憾、不解、挫败或自责。关于如何撰写结案报告，请参考本书的附录2。

写到这里，我们也要跟你说再见了。

亲爱的读者，感谢你一路的陪伴和阅读。我们想象过你阅读这本书时的样子，也一直在通过文字和你对话、探讨。这是一段非常珍贵的穿越时空的关系，我们并不清楚在这段关系中，我们到底交流了多少，又有多少能引起你的共鸣，多少让你疑惑或不解，多少让你无感，多少让你无法认同。不过，你读到了它，这是我们的缘分，希望你在阅读的过程中找到独属于自己的视角和力量来看待这份助人者的工作。

> **反思：方言在助人工作中的运用**
>
> - 留意我们是如何用方言跟他人说再见的，通常使用了哪些词汇或表达方式。比如，在北方乡村中，跟平辈说再见的方式是"俺会去看看叔儿和婶儿""明年一定再来啊……（拖长尾音）"。还可以是不同地区的伙伴在一起交流各自的方言中特有的或共享的说再见的方式。
> - 如果你和来访者都说同一种方言，那么请感受一下，在结案时用普通话进行告别和用方言进行告别有怎样的不同。

附录 1
克拉拉·E. 希尔的定义与本土化视角重构后的定义对比

助人技术	克拉拉·E. 希尔的定义	本土化视角重构后的定义
倾听	专注于来访者的言语和非言语信息,并努力去确定来访者的所感所想	助人者在识别出倾听的阻碍后,带着对自己更多的觉察和了解去靠近来访者,用心听见来访者、助人者自己,以及彼此关系的过程
重述	对来访者讲完的内容、表述过的意思加以复述或转述	重述是指助人者从自己的视角出发,把听到和选择的重点反馈给来访者,向来访者传达倾听和共情的态度,并邀请来访者一同确认进一步探索的方向
提问	针对想法的开放式提问是指邀请来访者对其想法进行澄清和探索	提问指助人者带着对提问意图的觉察,使用适合来访者的方式,邀请来访者对自己的想法、情绪及身体感受、行为等进行更深入的探索和梳理的过程

续前表

助人技术	克拉拉·E. 希尔的定义	本土化视角重构后的定义
情感反应	情感反映[1]是重复或重述来访者的陈述，包括明确指出情感。这种情感可能是来访者曾经说过的（使用相同或相近的词），或者是助人者根据来访者非言语行为、背景或来访者信息的内容所做的推论。反映可以用试探性的句式或肯定的句式来表达	情感反应指助人者作为一个鲜活的人，为来访者说出口或未说出口的情感进行映照、见证和反应的过程
情感表露	助人者表露自己在与来访者相似的情境下的感受和情感	情感表露指助人者通过表露自己过去或当下的情感，邀请来访者从自我情感的体验中，聚焦回咨访关系双方的情感流动的过程
解释	解释指超出来访者表面的陈述或认识，为来访者的行为、想法或感受赋予一种新的意义、原因和说明，使得来访者从一种新的角度来看待自己的问题	解释指助人者向来访者分享自己对于他的理解和假设，抛砖引玉，邀请来访者进一步厘清或理解自己的认知、行为、情绪模式，并尝试一起建构看待自己的新视角
即时化	助人者表露他们当下对来访者的感受、对自己的感受，或者对治疗关系的感受	即时化指带着增进彼此关系的意图，邀请来访者和自己一起分享彼此在此时此刻互动中的体验，并探索双方的行为、人际模式是如何影响彼此关系的

---

[1] 此处保留希尔著作《助人技术：探索、领悟、行动三阶段模式（第3版）》中的译文。

附录1 克拉拉·E.希尔的定义与本土化视角重构后的定义对比

续前表

助人技术	克拉拉·E.希尔的定义	本土化视角重构后的定义
挑战	挑战是助人者指出来访者适应不良的信念和想法、不一致之处，或者来访者并未意识到或不愿改变的矛盾之处	来访者在成长中面临挑战时，这些挑战通常以矛盾、不一致或咨访关系中的张力的形式出现。挑战指助人者和来访者一起试图理解这些信号背后的意义，并以此为契机找到破局、改变的新可能

附录 2
如何撰写结案报告

为什么要写结案报告

首先,咨访关系要有头有尾。如果来访者脱落了,那么什么时候算咨访关系已经结束了?就是完成结案报告的那一天。同理,双方商讨结案的咨访关系,也是在完成结案报告那天正式画上句号。

其次,为了明确界定助人者停止为来访者负责的时刻。助人者对正在进行工作的来访者要负一定的责任,比如来访者的情况恶化了或者有自杀倾向了,助人者需要进行干预。如果该干预的没干预,就要负一定责任,只有在关系结束了以后,助人者才能停止对来访者负责。结案报告就是为这段关系画上句号。不写结案报告,就很难确切地指出咨访关系具体在哪个时刻结束。

最后,这是助人者结束关系的仪式。助人者写结案报告,也是给自己一个结束这段关系的仪式。结案报告在助人者的心理层面,是一个象征仪式。通过写结案,回顾整个工作历程,为关系画上一个句号。助人者在咨询中跟来访者说再见以后,再通过结案报告的形式,就能在心理深层和这段关系告别了。

结案报告的用途

除了标识咨询关系的结束外,结案报告的另一个重要用途是对这段关系做一个精简的总结。有时来访者需要助人者将这段工作的情况介绍给下一任助人者,或者交给他的精神科医师、社工、家人,最方便也是能在最大限度上保护来访者咨询细节的就是这份精简的结案报告,而不是把所有的咨询记录都交出去。也正因为结案报告的精简,便于助人者自己或与来访者工作的其他专业人士快速回顾咨询历程。因此,结案报告既可作为一段咨询关系精简的总结沉淀,又可作为与其他和这位来访者工作的专业人士的交流媒介。当然,如果来访者需要助人者把结案报告直接发给自己或助人者所在机构以外的人员,就需要来访者签一份授权同意书,因为这个行为打破了保密,但要是有来访者的授权就没问题了。

如何写结案报告

结案报告包括以下几方面的内容。

基本人口信息

和咨询记录一样,结案报告也要有基本的人口信息,包括来访者姓名、助人者姓名、首访日期、结案日期,等等。

咨询次数总结

分类写明:

- 初次访谈了几次、和谁做的；
- 无论是一对一的咨询、夫妻咨询，还是团体咨询，都要写明各做了几次、跟谁做的；
- 如果助人者为来访者争取了更多资源，就要写明联系了来访者身边的哪些人；
- 如果来访者在中途入院了，就要写明时间段，以及在什么时候转回到助人者这里的；
- 来访者在咨询过程中有几次取消、几次没来，这是来访者对设置尊重的情况，是非常重要的数据。

咨询过程总结

用一两段话精简地总结咨询全过程。哪怕是长达 3~5 年的咨询，也可以通过几段简要的文字将工作的重点和来访者的主要收获总结出来。这个总结的过程，就是在帮助助人者沉淀这段关系。

结案原因 + 相关转介

写明在什么情况下咨询关系结束了，是协商结束还是因为来访者脱落？需要把结案的原因写清楚。助人者还要写清楚自己做了哪些相关转介。尤其是对于未达到咨询目标的结案，一定要写明来访者在自己这里继续咨询不再是最好的选择的充分理由，以及助人者为来访者提供了哪些资源，还有转介机构 / 助人者的名字、电话等。

如果来访者回到咨询关系中，可工作的议题

结案报告的最后一个部分，是要写清楚如果来访者以后再回到咨询关系中，有什么可以继续工作的议题。比如，对较高危的来访者来说，如果再回来找这个助人者，或者找其他助人者，就要建议下一任助人者先做评估，看来访者是否适合心理咨询门诊这样的频率和强度。助人者需要在结案过程中和来访者讨论，比如，告知来访者，如果以后出现哪些情况，你就需要回到心理咨询；或者如果你以后决定要回到心理咨询中，那么有哪些议题还可以继续工作。如实记录就可以了。

结案报告和个案报告有什么不同

性质不同

结案报告是来访者档案的一部分，只有客观描述；个案报告则是助人者自己的记录，用于辅助督导的进行，有主观的个案概念化，以及对价值观、移情反移情的反思，不被收入来访者的档案中。

长短不同

结案报告较精简，因为档案里初始访谈报告已记录来访者背景信息，此处省略；个案报告则是除了主观印象部分外，还有来访者背景信息。

> 示例

结案报告

基本人口信息

助人者姓名：黄书华

来访者姓名：梁静婷

来访者性别：女

来访者年龄：36 岁

首访日期：2024 年 3 月 5 日

结案日期：2024 年 6 月 18 日

咨询次数总结

咨询次数：总计 16 次

初始访谈：1 次，黄书华提供

一对一咨询：15 次，黄书华提供，无缺席或取消

团体咨询：无

倡导：无

咨询过程总结

来访者因在亲子关系中体验到情绪压力前来咨询。主要表现为在进行孩子学业相关的活动，尤其是在辅导孩子学习的过程中出现了情绪失控状态，这些情绪压力不仅影响亲子关系，也让来访者体会到焦虑、愤怒、自责和后悔等情绪，给其造成了较大的心理负担。助人者和来访者一起探索"好妈妈"的标准、家人的过高期待对其造成的压力，并通过探索来访者原生家庭中父母的教养方式、成长经历对自己的影响，协助来访者意识到自己一

直在通过满足周围人的期待来肯定自己，同时使用咨访关系为媒介，鼓励来访者尝试找到自己的需求和他人的需求之间的平衡点，并通过行为激活，帮助来访者在生活中也能稍微照顾到自己的需求，通过沟通训练，争取家人参与育儿与家务。此后，来访者对自己和孩子的责难有所减轻，家人对育儿、家务的参与也有所提高，但因家人仍然无法理解其作为全职妈妈的处境，而感到更加孤独、孤立。

结案原因 + 相关转介

咨访双方共同认为，加入一个女性成长团体是让静婷感到被持续支持、理解的最佳方式。助人者为静婷推荐了宋歌和林燕合带的关注母职对女性影响的 12 周成长团体，并向静婷介绍了团体和个体咨询的区别和优势。静婷于 2024 年 6 月 4 日与团体带领者进行匹配访谈，并决定加入团体。团体将于同年 6 月 28 日正式开启，因为静婷的时间有限，决定结束本阶段的个体咨询，于 2024 年 6 月 18 日完成最后一次个体咨询。

可继续在个体咨询中工作的议题

建议助人者询问静婷参加完女性成长团体的体验，了解静婷当下和家人的关系，以及在平衡自己和他人的需求上做了哪些尝试、遇到了哪些挑战，之后和静婷一起商定下个阶段的个体咨询议题和目标。

参考文献

[1] American Psychiatric Association. Diagnostic and statistical manual of mental disorders: 5th ed[M]. 2022.

[2] Markus H. R., Kitayama S. Culture and the self: Implications for cognition, emotion, and motivation[M]. Routledge, 2014: 264-293.

[3] Casasanto D. Different bodies, different minds: The body specificity of language and thought[J]. Psychological science, 2011, 20(6): 378-383.

[4] Well G. L, Pretty R. E. The effects of overt head movements on persuasion: Compatibility and in compatibility of responses[J]. Basic and applied psychology, 1980, 1(3): 219-230.

[5] Gone J. P. Decolonization as methodological innovation in counseling psychology: Method, power, and process in reclaiming American Indian therapeutic traditions[J]. Journal of Counseling Psychology, 2021, 68(3): 259.

[6] Pillay S. R. Cracking the fortress: Can we really decolonize psychology?[J] South African Journal of Psychology, 2017, 47(2): 135-140.

[7] Song G., Liang C. T. H. Masculine Gender Role Expectations in China: A Consensual Qualitative Research-Modified Study[J]. Psychology of Men & Masculinity, 2018.

[8] Murata A., Moser J. S., Kitayama S. Culture shapes electrocortical responses during emotion suppression[J]. Social cognitive and affective neuroscience, 2013, 8(5): 595-601.

[9] Niedenthal P., et al. Embodiment in attitudes, social perception, and emotion[J]. Personality and Social Psychology Review, 2005, 9(3)：184-211.

[10] Stepper S., Strack F. Proprioceptive determinants of emotional and nonemotional feelings[J]. Journal of Personality and Social Psychology, 1993, 64(2)：211-220.

[11] CARL R. Reflection of Feelings[J].Person-Centered Review 1, No. 4, 1986：375-377.

[12] 许慎.说文解字[M].沈阳：辽海出版社，2013.

[13] 于立文.黄帝内经[M].沈阳：辽海出版社，2010.

[14] 亚里士多德.修辞学[M].罗念生，译.上海：三联书店，1991.

[15] 莱考夫，约翰逊.我们赖以生存的隐喻[M].何文忠，译.杭州：浙江大学出版社，2015.

[16] 霍尔.超越文化[M].韩海深，译.重庆出版社，1990.

[17] 沃特斯.像我们一样疯狂：美式心理疾病的全球化[M].黄晓楠，译.北京：北京师范大学出版社，2016.

[18] 黄国光.儒家关系主义：文化反思与典范重建[M].北京：北京大学出版社，2006.

[19] 希尔.助人技术：探索、领悟、行动三阶段模式：第3版[M].北京：中国人民大学出版社，2013.

[20] 张学智.中国哲学中身心关系的几种形态[J].北京大学学报：哲学社会科学版，2005，42(3)：5-14.

[21] 钟年.中文语境下的"心理"和"心理学"[J].心理学报，2008，40(06)：748 - 756.

[22] 杨中芳.试论如何深化本土心理学研究[J].本土心理学研究，1993，1：122-183.

[23] 叶浩生.具身认知：认知心理学的新取向[J].心理科学进展，2010，18(5)：705-710.

后 记

自 2018 年以来，歌子心理就一直在为助人技术的本土化而努力实践着。我们珍惜参与者们发出的每一个声音，不管是喜爱的、认同的，还是质疑的、反驳的，都很珍贵。这些声音促成了我们对助人技术本土化的一次又一次升级，本书汇集了我们对助人技术教学多次升级后的精华，也促使我们更深入地探索助人技术的去殖民、本土化。本书看似我们三个人写作而成，但背后离不开每一位和我们一起学习助人技术的学员的投入参与、开放反馈。我们更像是一个管道，使用我们擅长的写作方式，汇聚、呈现大家携手提炼出的智慧。

最近的一次群策群力，是 2024 年 3 月初，我们和歌子心理的 200 多位新老学员一起，用两个月的时间学习、讨论去殖民化视角下的助人技术，对本书的初稿进行了打磨和升级。在这期间，不断有伙伴发出感叹，表达惊喜或颠覆之感，有人说"体验到了我们自己诗歌里蕴含的委婉含蓄的情感魅力"，有人说"看到了行业内部权力运作的方式，真的是触目惊心"，还有很多伙伴一起共享了"本土文化自信"时刻。这些反馈，很像是在西方心理学固若金汤的世界里撕开了一个口子，让带有我们自己文化属性的声音得以充分自信地表达。也有一些伙伴提出自己的疑惑，表示"很冲击，不知道该何去何从"，但恰恰在大家真诚地表露自己的疑惑时，大家一直秉持的理所当然的西方人视角下产生的理论开始动摇，多元的声音开始涌入，这正是我们倡导的去殖民化视角，即去掉"唯一的标准"。本书中的每一个刻意练习都是在倡导助人者们，可以摸索和寻找适合自己风格的助人技术使用方式。

本书由三人合作而成，免不了会有因观点的不同、写作方式的差异而产生的碰撞。在整个写作过程中，我们都尽量让这些碰撞和差异被听见，一起头脑风暴、整理思路，尝试发挥每位作者最擅长的部分。之所以如此践行，就是因为要呼应本书对于去殖民化视角的诠释：不是完全否认希尔模型中具有西方价值的内容，而是采用兼容并包的基调，找到"非二元对立"的合作视角，把西方文化和东方文化中能为助人者所用的精华都整合起来，也给读者留出空间，加入来自自己视角的诠释。

本书在去殖民化的内容上会有很多具有争议的点，比如，有的伙伴在学习后会反馈，互依我的视角虽然很符合我们本土人际特色，但其自身也深受互依我关系的困扰，那种"你中有我，我中有你"的融合感，让家人经常以"爱"的名义来实施伤害，让想获得"自主"的自我不得解脱。

比如，在本土的儒家文化中，更多人会受"严格的上下等级关系"所累，会感受到巨大的束缚。因此，有些读者只是在本书中看到"儒家"这个词，就会产生被"背刺"的感觉。鉴于此，我们在后记中意图给大家提供一个思考的空间，请觉察在你看到"儒家""佛家/教""道家""互依我"等这些可能给你带来冲击感的词汇时，你内心升起的反应——无论是想法还是感受，都可以。只是去觉察它们，然后记录下来。如果你有余力，那么你还可以在记录的后面问自己：

后　记

"我此时此刻反应的背后还在表达什么？"把你觉察到的内容都记录下来。既然本书叫《助人技术本土化的刻意练习》，那么请问你是否愿意把上述觉察和思考记录当成探索自己价值观的一个刻意练习呢？

是的，本书就是这样一本从头到尾都密布各种刻意练习的超级干货宝藏，连后记也不例外。同时，书中很多的刻意练习并没有标准答案，而是鼓励你和伙伴一起分享彼此的视角，相互拓宽彼此的视野。希望本书的内容起到抛砖引玉的作用，我们也非常期待听到你读完后的体验、反馈。我们的邮箱是 linmumu006@126.com。

宋歌　黄书华　林燕
2024 年 11 月 5 日